```
$ kubectl get pod jump-pod -o yaml
apiVersion: v1
kind: Pod
metadata:
  name: jump-pod
  namespace: default
spec:
  containers:
  - image: nigelpoulton/curl:1.0
    imagePullPolicy: IfNotPresent
    name: jump-ctr
    stdin: true
    tty: true
    volumeMounts:
    - mountPath: /var/run/secrets/kubernetes.io/serviceaccount
      name: default-token-2g29h
      readOnly: true
  dnsPolicy: ClusterFirst
```

Kubernetes

修炼手册

[英] 奈吉尔·波尔顿（Nigel Poulton）◎ 著

刘康 李瑞丰 ◎ 译

人 民 邮 电 出 版 社

北 京

图书在版编目（CIP）数据

Kubernetes修炼手册 / (英) 奈吉尔·波尔顿 (Nigel Poulton) 著 ; 刘康, 李瑞丰译. -- 北京 : 人民邮电出版社, 2021.5（2023.11 重印）
ISBN 978-7-115-56109-1

Ⅰ. ①K… Ⅱ. ①奈… ②刘… ③李… Ⅲ. ①Linux操作系统—程序设计—手册 Ⅳ. ①TP316.85-62

中国版本图书馆CIP数据核字(2021)第042691号

版权声明

◆ 著　　［英］奈吉尔·波尔顿（Nigel Poulton）
译　　刘 康　李瑞丰
责任编辑　陈聪聪
责任印制　王 郁　彭志环
◆ 人民邮电出版社出版发行　　北京市丰台区成寿寺路 11 号
邮编　100164　　电子邮件　315@ptpress.com.cn
网址　https://www.ptpress.com.cn
北京七彩京通数码快印有限公司印刷
◆ 开本：800×1000　1/16
印张：13　　2021 年 5 月第 1 版
字数：258 千字　　2023 年 11 月北京第 7 次印刷
著作权合同登记号　图字：01-2019-4796 号

定价：69.90 元

读者服务热线：(010)81055410　印装质量热线：(010)81055316
反盗版热线：(010)81055315
广告经营许可证：京东市监广登字 20170147 号

内容提要

本书是一本 Kubernetes 入门图书，共分为 12 章，涵盖了 Kubernetes 的基础知识，并附带了大量的配置案例。此外，还介绍了 Kubernetes 架构、构建 Kubernetes 集群、在 Kubernetes 上部署和管理应用程序、Kubernetes 安全，以及云本地、微服务、容器化等术语的含义。本书在内容上不断进行充实和完善，可以帮助读者快速入门 Kubernetes。

本书适合系统管理员、开发人员，以及对 Kubernetes 感兴趣的初学者阅读。

版本说明

这一版本于 2020 年 9 月发布。

在编写此版本的内容时，我细致校审了每一页文字和每一个示例，以确保所有内容均可适用于新版本的 Kubernetes，以及符合云原生生态的技术趋势。

为了保证对新技术的跟进，这一版增加了如下内容。

- StatefulSet 的介绍。
- 术语表。

希望读者能从此书中受益！

教育之意义在于启迪和创造机会。

我衷心地希望这本书，能够对您有所启迪，并带给您新的机会！

非常感谢我的妻子和孩子们对我的忍耐。我是一个极客——我认为自己是一套运行在生化硬件之上的软件。我知道与我相处并不容易！

非常感谢每一个观看我在 Pluralsight、Udemy 以及 A Cloud Guru 上的视频的朋友。我很乐意与你们交流，感谢这么多年来大家给我的反馈，这促使我写作这本书！我希望您能喜欢这本书，并有助于推动您的事业发展。

最后的感谢送给在魔术沙盒（Magic Sandbox）的训练营中，借助我的学习资料使自己的 Kubernetes 之旅步入新台阶的朋友。

@nigelpoulton

关于作者

我要感谢普什卡（Pushkar）在有关安全章节中的贡献。在一次 KubeCon 大会上普什卡找到我，并询问是否可以加入一些关于安全运行环境的内容。我以前并未有过合作编写的经历，因此婉拒了他（我这个人比较散漫，较难共事）。然而，普什卡很是积极，于是我们进行了合作。需要指出的是，在安全相关的章节中，技术方面的内容全部出自普什卡之手。我仅仅进行了一些写作风格的调整，以便全书保持一致。

——奈吉尔·波尔顿

奈吉尔是一名致力于在云相关技术领域创作图书、培训教程和在线教育的技术极客。他是有关 Docker 和 Kubernetes 的畅销图书的作者，同时也是在该领域广受欢迎的在线培训视频的作者。他是一个 Docker 大牛，在此之前，奈吉尔曾在多家大型企业（多为银行）中担任与架构师相关的角色。

他一直在钻研技术，空闲时间可能阅读科幻小说或看科幻电影。他希望能够生活在未来，这样就可以探索时空、宇宙，以及其他脑洞大开的事物。他喜欢汽车、足球和美食。

普什卡目前是一名面向容器的防御安全工程师，这些容器涉及深度学习和分布式系统。最近几年，他为某财富百强公司研发构建了多个“设计即安全”的容器产品。

工作之余，他喜欢骑行游览附近街区，或是悠闲地吃着自制的马萨拉姜仔饼，用相机记录落日美景。

他同他美丽的妻子生活在一起，她也是一名工程师。

资源与支持

本书由异步社区出品，社区（https://www.epubit.com/）为您提供相关资源和后续服务。

配套资源

本书配套资源请到异步社区本书购买页处下载。

要获得以上配套资源，请在异步社区本书页面中单击 配套资源 ，跳转到下载界面，按提示进行操作即可。注意：为保证购书读者的权益，该操作会给出相关提示，要求输入提取码进行验证。

提交勘误

作者和编辑尽最大努力来确保书中内容的准确性，但难免会存在疏漏。欢迎您将发现的问题反馈给我们，帮助我们提升图书的质量。

当您发现错误时，请登录异步社区，按书名搜索，进入本书页面，单击“提交勘误”，输入勘误信息，单击“提交”按钮即可（见下图）。本书的作者和编辑会对您提交的勘误进行审核，确认并接受后，您将获赠异步社区的 100 积分。积分可用于在异步社区兑换优惠券、样书或奖品。

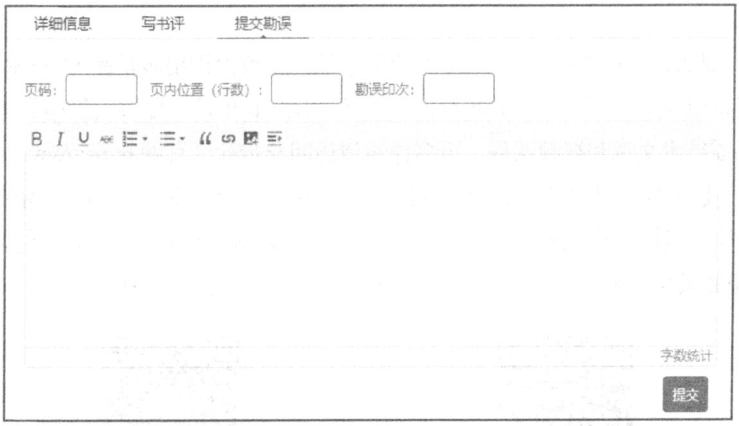

扫码关注本书

扫描下方二维码，您将会在异步社区微信服务号中看到本书信息及相关的服务提示。

与我们联系

我们的联系邮箱是 chencongcong@ptpress.com.cn。

如果您对本书有任何疑问或建议，请您发邮件给我们，并请在邮件标题中注明本书书名，以便我们更高效地做出反馈。

如果您有兴趣出版图书、录制教学视频，或者参与图书翻译、技术审校等工作，可以发邮件给我们。

如果您所在的学校、培训机构或企业，想批量购买本书或异步社区出版的其他图书，也可以发邮件给我们。

如果您在网上发现有针对异步社区出品图书的各种形式的盗版行为，包括对图书全部或部分内容的非授权传播，请您将怀疑有侵权行为的链接发邮件给我们。您的这一举动是对作者权益的保护，也是我们持续为您提供有价值的内容的动力之源。

关于异步社区和异步图书

“**异步社区**”是人民邮电出版社旗下 IT 专业图书社区，致力于出版精品 IT 技术图书和相关学习产品，为作译者提供优质出版服务。异步社区创办于 2015 年 8 月，提供大量精品 IT 技术图书和电子书，以及高品质技术文章和视频课程。更多详情请访问异步社区官网 https://www.epubit.com。

“**异步图书**”是由异步社区编辑团队策划出版的精品 IT 专业图书的品牌，依托于人民邮电出版社近 30 年的计算机图书出版积累和专业编辑团队，相关图书在封面上印有异步图书的 LOGO。异步图书的出版领域包括软件开发、大数据、AI、测试、前端、网络技术等。

异步社区　　　　微信服务号

前言

这是一本新的关于 Kubernetes 的图书，虽然本书并不厚，却字字珠玑。

为了避免误导读者，特此说明：本书并非一本面面俱到、系统深入阐述 Kubernetes 的图书，而是一本易于阅读的令读者能够快速掌握 Kubernetes 的书。

纸质版

本书目前有几种不同的纸质版本。

- 我在 Amazon 上自出版的英文版纸书。
- 由 Shroff 出版的仅在印度次大陆出售的纸书。
- 由人民邮电出版社出版的简体中文版纸书。

为什么会有一个面向印度次大陆的特别版本呢？

当我编写本书时，Amazon 的自出版服务尚未在印度提供，这意味着我无法在印度发行纸质版。我调研了几种不同的方式，并最终决定与出版商 Shroff 合作。我非常感谢 Shroff 能够帮助将本书送到更多的读者手中。

音频版

我在 2019 年 3 月于 Audible 上推出了一版相当具有娱乐性的音频版本。为了便于理解，该版本对其中的部分例子和实验进行了微调。除此之外，读者可以获得完整的学习体验。

eBook 和 Kindle 版

获取本书英文版电子版的最方便的地方是 Leanpub。这是一个不错的平台，而且免费更新。

您也可以在美国 Amazon 网站上获取 Kindle 版本，同样也可以获取免费更新。然而众所周知的是，Kindle 对更新的推送并不友好。如果您在获取更新的时候遇到问题，请联系 Kindle

客服来解决。

反馈

如果您喜欢本书并且觉得它有价值，那么请您推荐给您的朋友，或在 Amazon 的评论区留言（即使通过其他渠道购买，也是可以在 Amazon 上发表评价的）。

为什么阅读本书，以及为什么关注 Kubernetes

当前 Kubernetes 异常火热，对该技能的需求也很多。因此，如果您希望在事业上有所提升，并且在工作中使用一种能够重塑未来的技术，那么您需要阅读本书。

如果已经看过视频教程，还需要买本书吗

由于都是围绕 Kubernetes，那么可以肯定的是，我的书和视频教程的内容会有重复的部分。但是看书和看视频是完全不同的体验。我认为，视频更有意思，但是图书更容易做笔记以及翻阅查找。

如果我是您，我既会观看视频，也会阅读本书。二者是互补的，而且基于不同的途径进行学习是行之有效的。

我的一些视频教程如下。

- Kubernetes 入门（*Getting Started with Kubernetes*, pluralsight.com）
- 深入浅出 Kubernetes（*Kubernetes Deep Dive*, acloud.guru）
- 深入浅出 Docker（*Docker Deep Dive*, pluralsight.com）

本书的免费更新

我将尽力确保您对本书的投资是保值的！

Kindle 和 Leanpub 上的所有购买者都可免费获取更新。Leanpub 上的更新很及时，但是在 Kindle 上可能会遇到些许问题。许多读者抱怨 Kindle 设备上的内容无法获得更新。这是一个普遍存在的问题，最简单的解决办法就是联系 Kindle 客服。

如果您在 Amazon 上购买了纸书，那么就可以使用折扣价格来购买 Kindle 版本。这来源于“Kindle Matchbook”服务。遗憾的是，Kindle Matchbook 服务仅在美国地区实行，并且可能存在问题——有时候 Kindle Matchbook 的图标无法在 Amazon 图书销售页面显示。如果遇到此类问题，请联系 Kindle 客服来解决。

如果在其他渠道购买本书，我也爱莫能助了。我只是个搞技术的，不是出版商。

本书的 GitHub 库

本书有对应的 GitHub 库，其中的内容为书中的 YAML 代码和示例。

本书的版本

Kubernetes 发展得很快！因此，此类图书的价值与其新旧程度是密切相关的。也就是说，图书越旧，那么其价值也就越低。鉴于此，我承诺将至少每年进行一次更新。我所说的“更新”，是指真正的更新——每个词语和概念都会重审，每个例子都会测试和更新。我会尽心尽责，争取让本书成为市面上最好的 Kubernetes 图书。

您也许会觉得至少每年更新一次太频繁了……然而这就是新常态。

如今，多数两年前的技术图书已经没有太多价值。事实上，对于像 Kubernetes 这样发展迅速的技术，一年前的相关图书的价值都有待商榷。作为作者，我当然希望写出的书能够耐得住 5 年时光的考验。但是现实并非如此。再次强调，欢迎来到新常态。

- 版本 7，2020 年 9 月。所有的内容都针对 Kubernetes 1.18 进行了测试。新增关于 StatefulSet 的章节，增加了术语表。
- 版本 6，2020 年 2 月。所有的内容都针对 Kubernetes 1.16.6 进行了测试。增加关于服务发现的新章节，由于附录会给人一种未完成的感觉，从而将其删除。
- 版本 5，2019 年 11 月。针对 Kubernetes 1.16.2 进行了内容更新和示例测试。增加了有关 ConfigMaps 的章节。把第 8 章移至附录，并在附录中增加了有关服务网格（Service Mesh）技术的概述。
- 版本 4，2019 年 3 月。所有内容进行了更新，所有示例都在最新版本的 Kubernetes 上进行了测试。添加了新的关于存储的章节。新增了两章关于实际运行环境中的安全问题的内容。
- 版本 3，2018 年 11 月。调整了部分章节的顺序从而使内容更加顺畅。删除了 ReplicaSets 的章节，并将其中的内容挪到第 5 章。
- 版本 2.2，2018 年 1 月。修改了一些文字错误，添加了一些解释性内容和图表。
- 版本 2.1，2017 年 12 月。修改了一些文字错误，更新了缺少图例的图 6.11 和图 6.12。
- 版本 2，2017 年 10 月。新增 ReplicaSets 的章节。对 Pod 的相关内容进行了大量改动。修改了一些文字错误，并对现有章节进行了一些微调。
- 版本 1。初始版本。

目录

第 1 章　初识 Kubernetes

本章内容分为以下两个部分。

- Kubernetes 的背景介绍，比如它的来源等。
- Kubernetes 如何成为云上的操作系统。

1.1　Kubernetes 的背景

Kubernetes 是一个应用编排器（orchestrator），主要用于对容器化的云原生微服务应用进行编排。对于这一定义读者可能会感觉技术术语太多了！

随着对 Kubernetes 的了解和使用，这些术语都会遇到，下面就花少量的篇幅进行简要的介绍。

1.1.1　编排器

编排器是一套部署和管理应用程序的系统。它能够部署应用，并动态地响应变化。例如，Kubernetes 包括但不仅限于以下功能。

- 部署应用程序。
- 根据需要动态扩缩容。
- 当出现故障时自愈。
- 进行不停机的滚动升级和回滚。

Kubernetes 最突出的优点是，它可以在无须人工干预决策的情况下自动完成以上所有任务。显然，这需要用户在最初进行一些配置，一旦完成配置，就可以一劳永逸地放心交给 Kubernetes 了。

1.1.2　容器化应用

所谓容器化应用就是运行在容器中的应用。

在容器技术出现之前，应用程序可以运行在物理机或虚拟机中。容器是关于应用打包和运行方式的新的迭代，它更加快速、轻量，也比服务器或虚拟机更加适合现代的业务需求。

可以这样想。

- 在开放系统（open-system）时代（大约 20 世纪 80 年代和 20 世纪 90 年代），应用运行在物理机上。
- 在虚拟机时代（大约 2000—2010 年），应用运行在虚拟机中。
- 在云原生（cloud-native）时代（如今），应用运行在容器中。

同时，Kubernetes 也可以编排其他负载类型，包括虚拟机和 serverless 功能（serverless function），不过最普遍的情况是用于容器的编排。

1.1.3 云原生应用

所谓云原生应用，是指被设计用来满足现代业务需求（自动扩缩容、故障自愈、滚动升级等）并且运行在 Kubernetes 之上的应用。

我认为有必要澄清一点，那就是云原生应用并非只能运行在公有云上。当然，它们可以运行在公有云上，不过也可以运行在其他任何 Kubernetes 平台之上，甚至包括自建数据中心。

1.1.4 微服务应用

一个微服务应用，是指由许多小而专的服务组件，通过互相通信而组成的一套完整的业务系统。以一个电子商务系统为例，它可能由以下功能独立的微服务组成。

- Web 前端。
- 分类服务。
- 购物车。
- 授权服务。
- 日志服务。
- 持久化存储。

每一个单独的服务都可被称为一个微服务。通常，每个微服务都可以由不同的团队负责研发和运维，可以拥有自己的发布节奏，并且独自进行扩缩容。例如，可以在不影响其他组件的情况下，为日志服务打补丁或扩容。

这种构建方式正是云原生应用的一个很重要的特点。

通过以上的介绍，我们再来回顾一下前面那个由各种晦涩难懂的术语组成的定义。

Kubernetes 可用于部署和管理（编排）那些能够以容器的形式打包和运行（容器化）的

应用，这些应用的构建方式（云原生微服务）使它们能够根据业务需求实现扩缩容、故障自愈和在线升级。

以上这些概念将会贯穿本书，相信通过目前的介绍，读者可以对相关的术语具备一定的了解。

1.2 Kubernetes 的诞生

让我们从故事的开头讲起……

Amazon Web 服务（Amazon Web Services, AWS）通过其现代云计算产品改变了世界。自那时起，大家都在尝试追赶 AWS 的步伐。

其中一个公司就是 Google。Google 内部也有非常出色的云技术，并且希望通过某种方式吸取 AWS 的经验，使其潜在用户能够更加容易地使用 Google 云。

Google 在将容器用于扩缩容方面有丰富的管理经验。例如，类似搜索和邮箱这种大型的 Google 应用，已经在极大规模的容器云上运行多年了——远早于 Docker 这种易于使用的容器产品。为了编排和管理这些容器化的应用，Google 内部有一套专门的系统。他们利用来自这些内部系统的经验，创建了一套新的平台，名为 Kubernetes，并将其作为开源项目于 2014 年捐赠给了当时刚刚成立的云原生计算基金会（Cloud Native Computing Foundation, CNCF），Logo 如图 1.1 所示。

图 1.1

自此以后，Kubernetes 就成为了世界上最重要的云原生技术。

与许多现代云原生项目一样，Kubernetes 通过 Go 语言编写而成，开源在 GitHub 上（项目名为 `kubernetes/Kubernetes`），开发人员在 IRC 频道上进行沟通，人们也可以在 Twitter 上关注它，`slack.k8s.io` 是一个不错的用于沟通的 Slack 频道。除此之外，还有一些定期举行的见面会或大型会议。

1.2.1 Kubernetes 和 Docker

Kubernetes 和 Docker 是两个互补的技术。比如，通常人们会使用 Docker 进行应用的开发，然后用 Kubernetes 在生产环境中对应用进行编排。

在这样的模式中，开发者使用自己喜欢的语言编写代码，然后用 Docker 进行打包、测试和交付。但是最终在测试环境或生产环境中运行的过程是由 Kubernetes 来完成的。

从运行架构上来说，假设在某生产环境中的 Kubernetes 集群是由 10 个节点构成的。那么其中的每个节点都是以 Docker 作为其*容器运行时*（*Container Runtime*）。也就是说，Docker 是一种更加偏向底层的技术，它负责诸如启停容器的操作；而 Kubernetes 是一种更加偏向上层的技术，它注重集群范畴的管理，比如决定在哪个节点上运行容器、决定什么适合进行扩缩容或升级。

图 1.2 阐释了由多个以 Docker 为容器运行时的节点构成的 Kubernetes 集群。

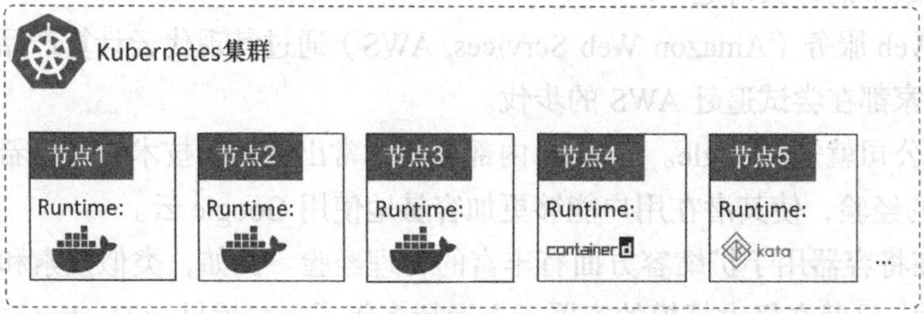

图 1.2

如图 1.2 所示，Docker 并非 Kubernetes 唯一支持的容器运行时。事实上，Kubernetes 基于一系列特性实现了对容器运行时的抽象（从而可以兼容不同的底层容器运行时）。

（1）容器运行时接口（Container Runtime Interface, CRI）是 Kubernetes 用来与第三方容器运行时进行对接的标准化的抽象层。这样容器运行时与 Kubernetes 是解耦的，同时又能够以一种标准化的方式予以支持。

（2）运行时类（Runtime Class）是 Kubernetes 1.12 引入的新特性，并在 1.14 版中升级为 beta。它对不同的运行时进行了归类。例如，gVisor 或 Kata 容器运行时或许比 Docker 和 Containerd 能提供更优的隔离性。

至本书撰写时，Containerd 已经赶超 Docker 成为 Kubernetes 中最普遍使用的容器运行时。它实际上是 Docker 的精简版本，只保留了 Kubernetes 需要的部分。

虽有提及，不过这些底层技术不会影响到 Kubernetes 的学习体验。无论使用哪种容器运行时，Kubernetes 层面的操作（命令等）都是一样的。

1.2.2 Kubernetes 与 Docker Swarm 对比

2016—2017 年间，在 Docker Swarm、Mesosphere DCOS 以及 Kubernetes 之间展开了一场容器编排平台之战。总之，Kubernetes 赢得了胜利。

虽然 Docker Swarm 和其他容器编排平台依然存活，但是它们的发展势头和市场份额都小于 Kubernetes。

1.2.3 Kubernetes 和 Borg：抵抗是徒劳的

读者很可能听到过有关 Kubernetes 与 Google 的 Borg 和 Omega 系统的关系。

如前所述，很久以前 Google 就已经大规模地运行容器了——每周都可能运行数十亿个容器。所以，多年以来，Google 的搜索、Gmail 和 GFS 等就已经在许多的容器中运行了。

对这些容器化应用的编排工作，是由 Google 内部被称为 Borg 和 Omega 的技术来完成的。所以 Kubernetes 的出现也是水到渠成的事——毕竟它们都是大规模容器编排平台，而且同出 Google 之门。

然而需要明确的是，Kubernetes 并非 Borg 或 Omega 的开源版本。更恰当地说是 Kubernetes 与 Borg 和 Omega 有着相同的基因和家族史。就像是 Borg 最先出生，然后孕育了 Omega。而 Omega 又与开源社区“比较熟”，并孵化了 Kubernetes，如图 1.3 所示。

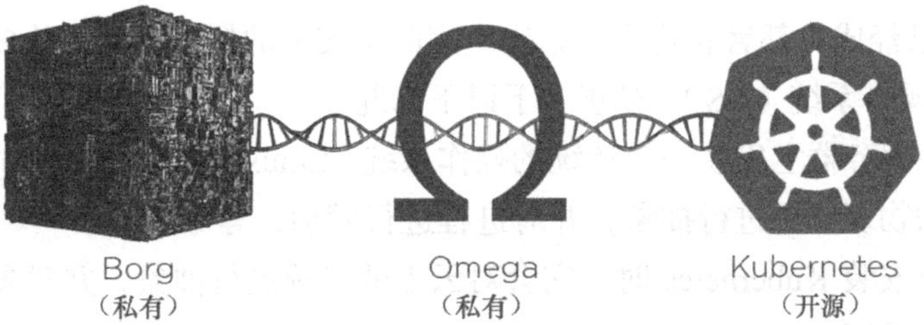

图 1.3

问题在于，它们是不同的，但又是相关的。事实上，许多 Borg 和 Omega 的研发者也对 Kubernetes 有所贡献。所以，尽管 Kubernetes 是从头开始研发的，但是也吸收了来自 Borg 和 Omega 的经验。

目前，Kubernetes 是于 2014 年捐赠给 CNCF 的开源项目，基于 Apache 2.0 协议。其 1.0 版本早在 2015 年 7 月就已发布，至本书编写时，已经到达 1.16 版。

1.2.4 Kubernetes——名字从何而来

Kubernetes（读作 koo-ber-net-eez）一词来源于希腊语“舵手”——轮船的掌舵之人。这一主题也在图标（见图 1.4）中得以体现。

Kubernetes 的部分创始人想将其称作九之七（Seven of Nine）。如果读者了解星际迷航，就会知道九之七是一个被联邦星舰企业号解救的女性博格（Borg），下令解救她的是凯瑟琳·珍妮薇舰长。然而，版权法不允许用这个名字。不过图标中的“七个把手”也有向“九之七”致敬的意味。

图 1.4

关于名称需要交代的最后一点是，Kubernetes 经常被写作 K8s。其中的数字 8 替代了 K 和 s 中的 8 个字母——这一点倒是方便了发推，也方便了像我这样懒惰的人。

1.3 云操作系统

Kubernetes 已经成为部署和管理云原生应用的事实上的标准平台。从多种方面来看，它就类似于云上的操作系统（OS）。试想一下以下情况。

- 当在物理服务器上安装一套传统的操作系统（Linux 或 Windows）时，操作系统会对服务器的物理资源进行抽象，并对进程进行调动，等等。
- 当在云上安装 Kubernetes 时，它会对云上的资源进行抽象，并对多种云原生微服务应用进行调度。

就像 Linux 能够对不同的服务器硬件进行统一的抽象一样，Kubernetes 也能够对不同的私有云和共有云进行统一的抽象。最终，只要运行 Kubernetes，就不需要关心底层是运行在自建数据中心，还是边缘计算集群，抑或是共有云中了。

这样来说，Kubernetes 能够实现真正意义上的混合云，使用户跨越不同的公有云或私有云实现对负载的无缝迁移和均衡。当然，也可以在不同的云之间进行迁移，这意味着不会永远被绑定在最初确定的云上。

1.3.1 云的规模

总体来说，容器让人们能够轻松应对大规模系统的扩展性的挑战——前面刚刚提到，Google 每周可以运行数十亿的容器！

这很不错，但是并非所有组织或公司都有 Google 这样的体量。其他的情况呢？

通常来说，如果原有的应用运行在数百个虚拟机上，那么很可能相应的容器化的云原生应用会运行到数千个容器上。这么说来，确实迫切需要一种管理它们的方法。

劝君尝试一下 Kubernetes。

而且，我们生活在一个商业和科技日新月异且越来越专精的世界。有鉴于此，我们迫切需要一种无所不在的框架或平台能够屏蔽这些复杂性。

再次劝君尝试一下 Kubernetes。

1.3.2 应用的调度

一台典型的计算机是由 CPU、RAM、存储和网络构成的。不过现代操作系统已经能够对大多数的底层进行很好的抽象。举例来说，有多少开发者会去关心程序运行在哪个 CPU 核心上呢？并没有多少，OS 已经为我们搞定了这些。这是一种很好的方式，这使应用程序的开发过程变得友好许多。

Kubernetes 对云和数据中心的资源进行了类似的管理。总体来说，云或数据中心就是一个包含计算、存储与网络的资源池。Kubernetes 对它进行了抽象。这意味着我们无须明确对应用运行在哪个节点或存储卷上进行硬编程，我们甚至无须关心应用运行在哪个云上——让 Kubernetes 操心这事即可。从此无须为服务器命名，无须将卷的使用情况记录在电子表格中，总之，无须像对待“宠物”（pet）一样管理数据中心的资产。Kubernetes 这样的系统并不关心这些。对应用进行类似“把某应用模块运行在某个指定的节点上，配置它的 IP，将其数据至于某个具体的卷上……”这样进行运维操作的日子，已经一去不复返了。

1.3.3 一个简单的模拟

思考一下快递货物的过程。

发件人将货物按照快递公司的标准打包，写明送货信息，然后交给快递小哥。仅此而已，其他的事情交给快递公司来操心就好了：物流过程是走航运还是陆运，跑哪条高速，由哪个司机来驾驶等。快递公司还提供类似于包裹追踪、调整目的地等服务。重点在于，快递公司所需要的仅仅是打包的货物以及送货信息。

Kubernetes 中的应用也是类似的。将应用打包成容器，声明其运行方式，然后交给 Kubernetes 来启动它们并保持其运行状态。Kubernetes 同样也提供了丰富的用来检查运行状态的工具和 API。特别好用。

1.4 总结

Kubernetes 的诞生融入了来自 Google 多年的大规模容器化运维经验。它被作为开源项目捐赠给社区，现在已经成为部署和管理云原生应用的行业标准 API。它可以运行在任何云或自建数据中心上，并对底层基础设施进行了抽象。从而允许用户构建混合云，以及在云平台间轻松实现迁移。它是基于 Apache 2.0 协议的开源项目，托管于云原生计算基金会（Cloud Native Computing Foundation, CNCF）。

Kubernetes 目前正处于积极的开发过程中，因此变化不断。但是不要因此而退缩——积极拥抱它吧！变化是一种新常态！

为了跟上 Kubernetes 更新的步伐，作者建议订阅其 YouTube 频道。

- #KubernetesMoment：按周发布的探讨 Kubernetes 的短视频。
- Kubernetes this Month：按月发布，讨论关于 Kubernetes 的最新要闻。

以及其他推荐资料。

- 我的主页 nigelpoulton.com。
- 我在 pluralsight.com 和 acloud.guru 上的视频教程。
- 我在 MSB 上的手把手教学。
- KubeCon 和读者当地的 Kubernetes 和云原生交流会。

第 2 章　Kubernetes 操作概览

在本章中，读者将学习搭建 Kubernates 集群并部署某个应用所需的核心组件。本章的主要目的是帮助读者对这些核心概念有一个整体的了解，即使读者在阅读本章的过程中遇到不了解的概念也无须担心，本章的大部分概念会在本书其他章节中进一步介绍。

本章主要分为如下几部分。

- Kubernetes 概览。
- 主节点与工作节点。
- 打包一个 App。
- 声明式配置与期望状态。
- Pod。
- Deployment。
- Service。

2.1　Kubernetes 概览

从整体上看，Kubernetes 承担了如下两个角色。

- 支撑应用运行的集群。
- 支持云原生微服务应用的编排器。

2.1.1　作为集群的 Kubernetes

作为集群的 Kubernetes，正如集群的字面含义一样：包含若干个节点与控制平面。控制平面对外提供 API，对内负责各节点的任务分配与调度，并在持久化存储中记录各节点的状态。应用服务就运行在每个节点上。

如果把集群比作一个人，控制平面（control plan）就是大脑，工作节点（node）就是人的肌肉。把控制平面比作大脑，是因为它提供了 Kubernetes 中的全部重要特性，例如自动扩缩容与不停机更新等功能。而工作节点就像肌肉一样，日夜不停地执行应用代码。

2.1.2 作为编排器的 Kubernetes

编排器（orchestrator）这个词其实是为了更方便地概况一个包含应用部署与管理的系统，而没有太多的实际含义。

一起来简单地了解一下这个概念。

在真实世界中，一个足球队是由多名球员组成的。没有两名球员是一模一样的，而且每名球员在球队中扮演的角色也是不同的：某些球员负责防守，某些球员负责攻击，某些球员擅长传球，某些球员擅长抢断，还有一些球员射门很厉害……这时候就需要一个教练把球队中所有人组织起来，制定统一的战术目标，并为每个人分配一个场上位置，如图 2.1 和图 2.2 所示。

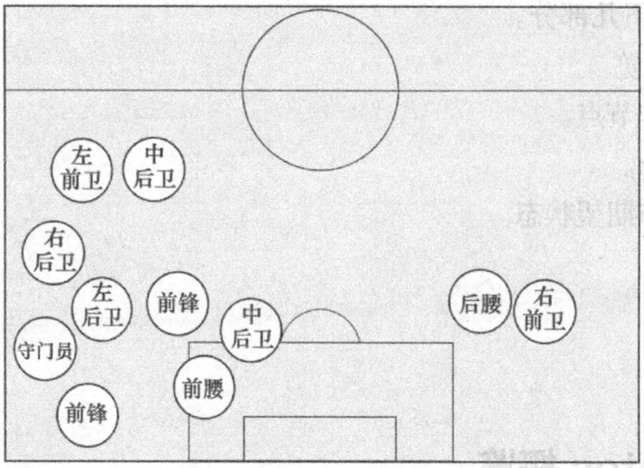

图 2.1

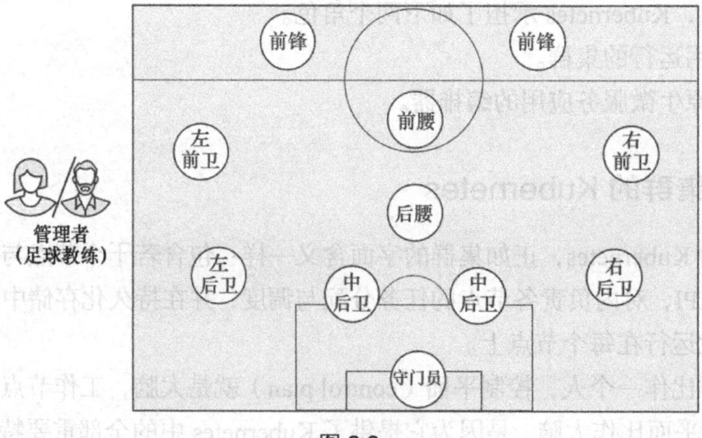

图 2.2

教练要确保球队可以保持阵型并贯彻战术的执行，同时还能处理场上受伤等突发情况。

我认为，这跟微服务应用在Kubernetes上的运行非常相似。

请跟我继续往下看。

下面用一些互相独立的特定服务来进行说明：有一部分服务提供Web网页，有一部分服务提供鉴权，有一部分服务提供搜索，还有提供持久存储的服务。Kubernetes在其中扮演的角色就跟教练在足球队中的角色有点相似了：负责将这些应用组织起来并保持顺畅的运行，当出现一些特定事件或者变化时也要做出响应。

在足球领域中，这种行为称之为指导（coaching），而在服务应用的领域中，这种行为称之为编排（orchestration）。Kubernetes 就是负责完成云原生微服务应用的这种行为，我们称之为编排（orchestration）。

2.1.3 Kubernetes 是如何工作的

为了让Kubernetes运行起来，读者首先需要将自己的App打包并部署到集群（Kubernetes）。一个或多个主节点（master）与若干工作节点（node）构成一个完整的集群。

主节点负责管理整个集群，有时主节点也被称为头结点（head node）。这意味着主节点完成调度决策、监控集群、响应事件与集群变化等工作。因此通常将主节点称作控制平面（control plan）。

应用服务运行在工作节点上，有时也将工作节点称作数据平面（data plan）。每个工作节点都有属于自己的向主节点汇报关系，并监控若干任务的运行。

在Kubernetes上运行应用的过程可以简单分为如下几个部分。

- 选用最喜欢的语言将应用以独立的微服务方式实现。
- 将每个微服务在容器内打包。
- 将每个容器集成到Pod。
- 使用更高层面的控制面板将 Pod 在集群中部署，例如 Deployment、DaemonSet、StatefulSet、CronJob 等。

不过目前仍处于本书的开始阶段，在现阶段也不需要读者理解上面全部名词的含义。但为了方便理解，对上面的名词做一个概括性介绍：部署（Deployment）提供可扩展性和滚动更新，DaemonSet 在集群的每个工作节点中都运行相应服务的实例，有状态应用部署于StatefulSet，同时那些需要不定期运行的临时任务则由定时任务（CronJob）来管理。当然，关于Kubernetes的知识远不止这些，不过当前阶段了解这些就已足够。

Kubernetes 习惯通过声明式（declaratively）的方式来管理应用。读者可以通过 YAML

文件来描述希望应用程序如何运行与管理。将这些文件发送给 Kubernetes，然后剩下的工作交给 Kubernetes 来完成就可以了。

但是到这里还没有结束。因为声明式的方式仅仅告诉 Kubernetes 应该如何运行并管理应用，除此之外，Kubernetes 还会监控并保证应用在运行期间不会出现用户期望外的情况。当意外发生时，Kubernetes 会尝试解决这些问题。

Kubernetes 整体介绍就到这里，接下来请随本书一起深入了解其中细节。

2.2 主节点与工作节点

一个 Kubernetes 集群由*主节点（master）*与*工作节点（node）*组成。这些节点都是 Linux 主机，可以运行在虚拟机（VM）、数据中心的物理机，或者公有云/私有云的实例上。

2.2.1 主节点（控制平面）

Kubernetes 的*主节点（master）*是组成集群的控制平面的系统服务的集合。

一种最简单的方式是将所有的主节点*服务（Service）*运行在同一个主机上。但是这种方式只适用于实验或测试环境。在生产环境上，主节点的高可用部署是必需的。这也是为什么主流的云服务提供商都实现了自己的多主节点高可用性（Multi-master High Availability），并将其作为自身 Kubernetes 平台的一部分，比如 Azure Kubernetes Service（AKS）、AWS Elastic Kubernetes Service（EKS）以及 Google Kubernetes Engine（GKE）。

一般来说，建议使用 3 或 5 个副本来完成一个主节点高可用性部署方案。

接下来请跟随本书一起，快速了解构成主节点的各个服务间有什么不同。

1. API Server

API Server（API 服务）是 Kubernetes 的中央车站。所有组件之间的通信，都需要通过 API Server 来完成。在接下来的章节中将会对这部分进行深入的介绍，但理解全部组件的通信都是通过 API Server 来完成这一点非常重要，这包括了系统内置组件以及外部用户组件。

API Server 对外通过 HTTPS 的方式提供了 RESTful 风格的 API 接口，读者上传 YAML 配置文件也是通过这种接口实现的。这些 YAML 文件有时也被称作 *manifest* 文件，它们描述了用户希望应用在运行时达到的*期望状态（desired state）*。期望状态中包含但不限于如下内容：需要使用的容器镜像、希望对外提供的端口号，以及希望运行的 Pod 副本数量。

访问 API Server 的全部请求都必须经过授权与认证，一旦通过之后，YAML 文件配置就会被认为是有效的，并被持久化到集群的存储中，最后部署到整个集群。

2. 集群存储

在整个控制层中，只有集群存储是*有状态*（*stateful*）的部分，它持久化地存储了整个集群的配置与状态。因此，这也是集群中的重要组件之一——没有集群存储，就没有集群。

通常集群存储底层会选用一种常见的分布式数据库 etcd。因为这是整个集群的唯一存储源，用户需要运行 3～5 个 etcd 副本来保证存储的高可用性，并且需要有充分的手段来应对可能出现的异常情况。

在关于集群的*可用性*（*availability*）这一点上，etcd 认为一致性比可用性更加重要。这意味着 etcd 在出现脑裂的情况时，会停止为集群提供更新能力，来保证存储数据的一致性。但是，就算 etcd 不可用，应用仍然可以在集群性持续运行，只不过无法更新任何内容而已。

对于所有分布式数据库来说，写操作的一致性都至关重要。例如，分布式数据库需要能够处理并发写操作来尝试通过不同的工作节点对相同的数据进行更新。etcd 使用业界流行的 RAFT 一致性算法来解决这个问题。

3. controller 管理器

controller 管理器实现了全部的后台控制循环，完成对集群的监控并对事件作出响应。

controller 管理器是 *controller 的管理者*（*controller of controller*），负责创建 controller，并监控它们的执行。

一些控制循环包括：工作节点 controller、终端 controller，以及副本 controller。对应的每个 controller 都在后台启动了独立的循环监听功能，负责监控 API Server 的变更。这样做的目的是保证集群的*当前状态*（*current state*）可以与*期望状态*（*desired state*）相匹配（接下来会用具体案例来解释与证明）。

每个控制循环实现上述功能的基础逻辑大致如下。

（1）获取期望状态。

（2）观察当前状态。

（3）判断两者间的差异。

（4）变更当前状态来消除差异点。

上面的逻辑是 Kubernetes 与声明式设计模式的关键所在。

每个控制循环都极其定制化，并且仅关心 Kubernetes 集群中与其相关的部分。感知系统的其他部分并调用这种复杂的事情我们是绝对不会尝试的，每个控制循环都只关心与自己相关的逻辑，剩下的部分会交给其他控制循环来处理。这就是如 Kubernetes 这样的分布式系统设计的关键点所在，也与 UNIX 设计哲学不谋而合：每个组件都专注做好一件事，复杂系统是通过多个专一职责的组件组合而构成的。

4．调度器

从整体上来看，调度器的职责就是通过监听 API Server 来启动新的工作任务，并将其分配到适合的且处于正常运行状态的节点中。为了完成这样的工作，调度器实现了复杂的逻辑，过滤掉不能运行指定任务的工作节点，并对过滤后的节点进行排序。排序系统非常复杂，在排序之后会选择分数最高的节点来运行指定的任务。

当确定了可以执行任务的具体节点之后，调度器会进行多种前置校验。这些前置校验包括：节点是否仍然存在、是否有 affinity 或者 anti-affinity 规则、任务所依赖的端口在当前工作节点是否可以访问、工作节点是否有足够的资源等。不满足任务执行条件的工作节点会被直接忽略，剩下的工作节点会依据下面的判定规则计算得分并排序，具体包括：工作节点上是否已经包含任务所需的镜像、剩余资源是否满足任务执行条件，以及正在执行多少任务。每条判定规则都有对应的得分，得分最高的工作节点会被选中，并执行相应任务。

如果调度器无法找到一个合适的工作节点，那么当前任务就无法被调度，并且会被标记为暂停状态。

调度器并不负责执行任务，只是为当前任务选择一个合适的节点运行。

5．云 controller 管理器

如果用户的集群运行在诸如 AWS、Azure、GCP、DO 和 IBM 等类似的公有云平台上，则控制平面会启动一个*云 controller 管理器*（*cloud controller manager*）。云 controller 管理器负责集成底层的公有云服务，例如实例、负载均衡以及存储等。举一个例子，如果用户的应用需要一个面向互联网流量的负载均衡器，则云 controller 管理器负责提前在对应的公有云平台上创建好相应的负载均衡器。

6．小结

Kubernetes 主节点运行了集群上所有的控制平面服务。可以将其看作一个集群的大脑，负责集群内全部控制与调度的决策。在其背后，一个主节点由无数个负责特定功能的控制循环与服务组成，其中包括 API Server、集群存储、controller 管理器以及调度器。

API Server 位于控制平面的最前端，所有的指令与通信均需要通过 API Server 来完成。默

认情况下，API Server 通过 443 端口对外提供 RESTful 风格的接口。

图 2.3 展示了 Kubernetes 主节点的全貌（控制平面）。

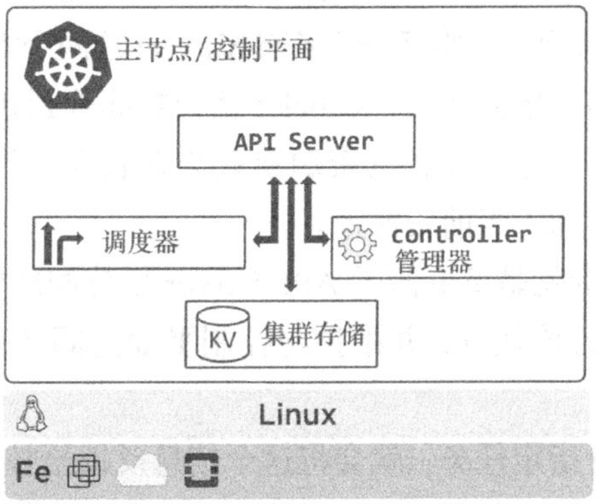

图 2.3

2.2.2 工作节点

*工作节点*是 Kubernetes 集群中的工作者。从整体上看，工作节点主要负责如下 3 件事情。

1. 监听 API Server 分派的新任务。
2. 执行新分派的任务。
3. 向控制平面回复任务执行的结果（通过 API Server）。

如图 2.4 所示，工作节点的结构相比主节点要简单一些。

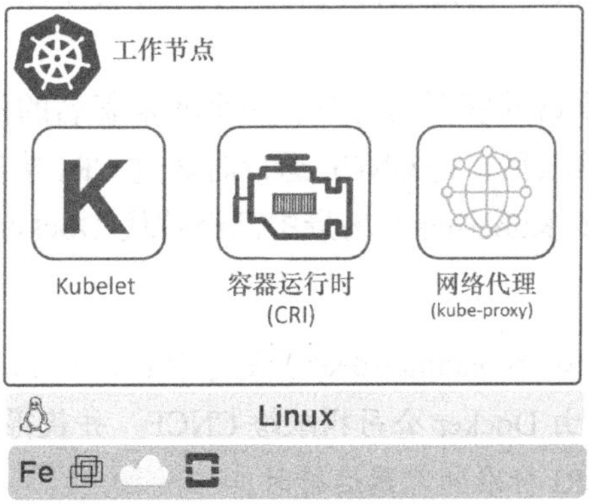

图 2.4

接下来看一下工作节点的 3 个主要功能。

1. Kubelet

Kubelet 是每个工作节点上的核心部分，是 Kubernetes 中重要的代理端，并且在集群中的每个工作节点上都有部署。实际上，通常*工作节点*与 *Kubelet* 这两个术语基本上是等价的。

在一个新的工作节点加入集群之后，Kubelet 就会被部署到新节点上。然后 Kubelet 负责将当前工作节点注册到集群当中，集群的资源池就会获取到当前工作节点的 CPU、内存以及存储信息，并将工作节点加入当前资源池。

Kubelet 的一个重要职责就是负责监听 API Server 新分配的任务。每当其监听到一个任务时，Kubelet 就会负责执行该任务，并维护与控制平面之间的一个通信频道，准备将执行结果反馈回去。

如果 Kuberlet 无法运行指定任务，就会将这个信息反馈给控制平面，并由控制平面决定接下来要采取什么措施。例如，如果 Kubelet 无法执行一个任务，则其并不会负责寻找另外一个可执行任务的工作节点。Kubelet 仅仅是将这个消息上报给控制平面，由控制平面决定接下来该如何做。

2. 容器运行时

Kubelet 需要一个*容器运行时（container runtime）*来执行依赖容器才能执行的任务，例如拉取镜像并启动或停止容器。

在早期的版本中，Kubernetes 原生支持了少量容器运行时，例如 Docker。而在最近的版本中，Kubernetes 将其迁移到了一个叫作容器运行时接口（CRI）的模块当中。从整体上来看，CRI 屏蔽了 Kubernetes 内部运行机制，并向第三方容器运行时提供了文档化接口来接入。

Kubernetes 目前支持丰富的容器运行时。一个非常著名的例子就是 cri-containerd。这是一个开源的、社区维护的项目，将 CNCF 运行时通过 CRI 接口接入 Kubernetes。该项目得到了广泛的支持，在很多 Kubernetes 场景中已经替代 Docker 成为当前最流行的容器运行时。

> **注意：**containerd（发音如“container-dee”）是基于 Docker Engine 剥离出来的容器管理与运行逻辑。该项目由 Docker 公司捐献给 CNCF，并获得了大量的社区支持。同期也存在其他的符合 CRI 标准的容器运行时。

3. kube-proxy

关于*工作节点*的最后一个知识点就是 kube-proxy。kube-proxy 运行在集群中的每个工作节点，负责本地集群网络。例如，kube-proxy 保证了每个工作节点都可以获取到唯一的 IP 地址，并且实现了本地 IPTABLE 以及 IPVS 来保障 Pod 间的网络路由与负载均衡。

2.3 Kubernetes DNS

除种类丰富的控制平面与工作节点组件外，每个 Kubernetes 集群都有自己内部的 DNS 服务，这对于集群操作也是非常重要的。

集群 DNS 服务有一个静态 IP 地址，并且这个 IP 地址集群总每个 Pod 上都是硬编码的，这意味着每个容器以及 Pod 都能找到 DNS 服务。每个新服务都会自动注册到集群 DNS 服务上，这样所有集群中的组件都能根据名称找到相应的服务。一些其他的组件也会注册到集群 DNS 服务，例如 Statefulset 以及由 Statefulset 管理的独立 Pod。

集群 DNS 是基于 CoreDNS 来实现的。

现在读者应该对主节点与工作节点的主要部分有了一个基础的了解，接下来请跟随本书一起换一个角度，看一下一个应用是如何打包并在 Kubernetes 上运行的。

2.4 Kubernetes 的应用打包

一个应用想要在 Kubernetes 上运行，需要完成如下几步。

1. 将应用按容器方式进行打包。
2. 将应用封装到 Pod 中。
3. 通过声明式 manifest 文件部署。

打包的详细过程如下：用户需要选择某种语言来编写一个应用程序，完成之后需要将应用构建到容器镜像当中并存放于某个私有仓库（Registry）。此时，已经完成了应用服务的*容器化*（*containerized*）。

接下来，用户需要定义一个可以运行容器化应用的 Pod。抽象来说，Pod 就是一层简单的封装，允许容器在 Kubernetes 集群上运行。在用户定义好 Pod 之后，就可以随时将其部署到集群上运行了。

在 Kubernetes 集群中可以运行一个 Pod 单例，但是通常情况下不建议这么做。推荐的方式是通过更上层的 controller 来完成。最常见的 controller 就是 *Deployment*，它提供了可扩容、自愈与滚动升级等特性。读者只需要通过一个 YAML 文件就可以指定 *Deployment* 的配置信息，包括需要使用哪个镜像以及需要部署多少副本。

图 2.5 展示了应用如何被*容器化*（*container*），并以 Pod 方式运行，通过*部署*（*Deployment*）controller 来进行管理。

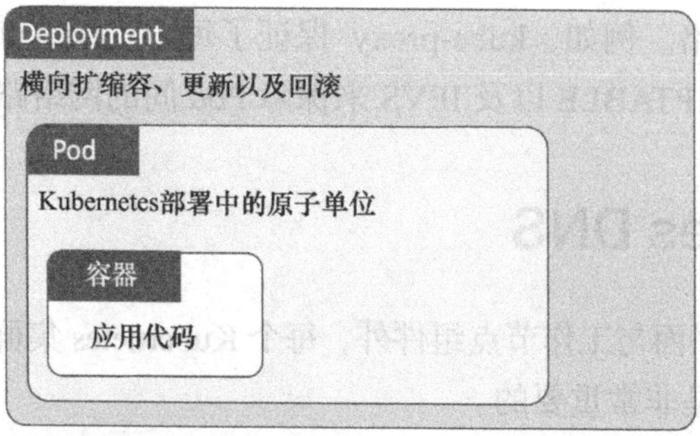

图 2.5

在一个 *Deployment* 文件定义好之后，读者可以通过 API Server 来指定应用的*期望状态*（*desired state*）并在 Kubernetes 上运行。

接下来介绍一下期望状态的相关内容。

2.5 声明式模型与期望状态

声明式模型（*declarative modle*）以及*期望状态*（*desired state*）是 Kubernetes 中非常核心的概念。

在 Kubernetes 中，声明式模型的工作方式如下所述。

1. 在 manifest 文件中声明一个应用（微服务）期望达到的状态。
2. 将 manifest 文件发送到 API Server。
3. Kubernetes 将 manifest 存储到集群存储，并作为应用的*期望状态*。
4. Kubernetes 在集群中实现上述期望状态。
5. Kubernetes 启动监控循环，保证应用的*当前状态*（*current state*）不会与*期望状态*出现差异。

接下来请读者跟随本书一起，深入了解上述步骤。

manifest 文件是按照简版 YAML 格式进行编写的，用户通过 manifest 文件来告知 Kubernetes 集群自己希望应用运行的样子。这就是所谓的*期望状态*。其中包括：需要使用哪个镜像、有多少副本需要运行、哪个网络端口需要监听，以及如何执行更新。

在用户创建了 manifest 文件之后，需要将其发送到 API Server。最常见的方式是通过 kubectl 命令行工具来完成这个操作。kubectl 会将 manifest 文件通过 HTTP POST 请求发送到控制平面，通常 HTTP 服务使用的端口是 443。

在请求经过认证以及授权后，Kubernetes 会检查 manifest 文件，确定需要将该文件发送到哪个控制器（例如 *Deployment controller*），并将其保存到集群存储当中，作为整个集群的*期望状态*（*desired state*）中的一部分。在上述工作都完成之后，就要在集群中执行相应的调度工作了。调度工作包括拉取镜像、启动容器、构建网络以及启动应用进程。

最终，Kubernetes 通过后台的 reconciliation（调谐）循环来持续监控集群状态。如果集群*当前状态*（*current state*）与*期望状态*（*desired state*）存在差异，则 Kubernetes 会执行必要的任务来解决对应的差异点，如图 2.6 所示。

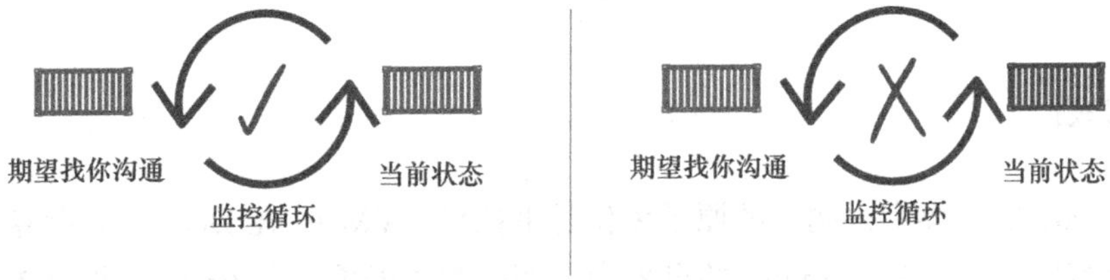

图 2.6

理解本书当前强调的声明式模式与传统的*命令式模式*（*imperative model*）之间的区别是一件非常重要的事情。命令式模式是指用户需要指定一大串针对特定平台的命令来解决相应的问题。

但是关于声明式模式的介绍到此还未结束：当前系统可能出现变化或者出现某些问题。这意味着集群的*当前状态*（*current state*）与*期望状态*（*desired state*）不再一致。当这种情况发生时，Kubernetes 会尝试采取相应措施来消除这种不一致的情况。

接下来通过一个例子来看一下具体情况。

声明式示例

假设读者有一个前端 Web 应用 Pod，期望状态中需要运行 10 个副本。在其中某个工作节点运行的两个副本失败之后，*当前状态*（*current state*）就会减少到 8 个副本，但是*期望状态*（*desired state*）仍然是 10 个副本。这种情况会被调谐循环检测到，Kubernetes 也会重新调度两个新的副本来保证当前状态副本数量重新恢复到 10。

当读者尝试主动地调高或者调低副本数量的时候，上述流程也会被触发执行。读者甚至可以改变应用运行所需的镜像。比如，当前应用使用了 v2.00 版本的镜像，而读者希望将期望状态中的镜像版本调整到 v2.01，Kubernetes 会检测到这两者之间的差异，并会通过更新全部副本的镜像版本到*期望状态*（*desired state*）中的版本这种方式来实现该功能。

需要说明的一点是，与编写一长串命令来将每个副本更新到最新版本这种方式相比，读者现在只需要简单地告诉 Kubernetes 自己期望升级的新版本，剩下的大量工作由 Kubernetes

替读者来完成。

尽管一切看起来都非常简单，但这个功能确实很强大，并且是 Kubernetes 工作原理中很重要的一部分。读者在 Kubernetes 中提交了一个声明式的 manifest 文件，其中描述了读者希望应用所达到的运行状态。这个文件构成了应用期望状态的基础。Kubernetes 控制平面记录下这个配置文件并会实现文件描述中的内容，同时还会在后台运行一个调谐循环来持续检查当前运行状态是否满足读者诉求。如果当前状态与期望状态相符，则皆大欢喜；但是如果存在差异，Kubernetes 也会马上修复这些问题。

2.6 Pod

在 VMware 的世界中，调度的原子单位是虚拟机（VM）；在 Docker 的世界中，调度的原子单位是容器；而在 Kubernetes 的世界中，调度的原子单位是 *Pod*，如图 2.7 所示。

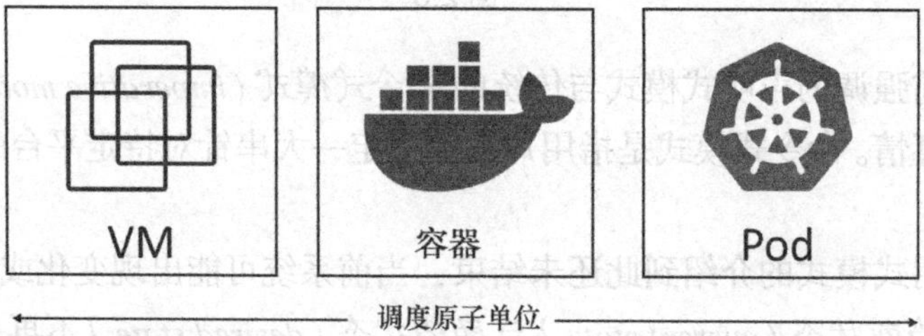

图 2.7

Kubernetes 的确支持运行容器化应用。但是，用户无法直接在 Kubernetes 集群中运行一个容器，容器必须并且总是需要在 Pod 中才能运行。

2.6.1 Pod 与容器

首先需要介绍一下 Pod 这个术语的起源：在英语中，会将 a group of whales（一群鲸鱼）称作 *a Pod of whales*，Pod 就是来源于此。因为 Docker 的 Logo 是鲸鱼，所以在 Kubernetes 中会将包含了一组容器的事物称作 *Pod*。

一种最简单的方式就是，在每个 *Pod* 中只运行一个容器。当然，还有一种更高级的用法，在一个 Pod 中会运行一组容器。像这种*多容器 Pod（multi-container Pod）*不在当前的讨论范围之内，不过可以先列举几种常见场景。

- 服务网格（Service Mesh）。
- 需要依赖 *helper* 容器来获取最新内容的 Web 容器。
- 那些强依赖 log 清理工具的容器。

这其中最关键的地方即 Pod 是一种包含了一个或多个容器的结构。图 2.8 展示了一个多容器 Pod。

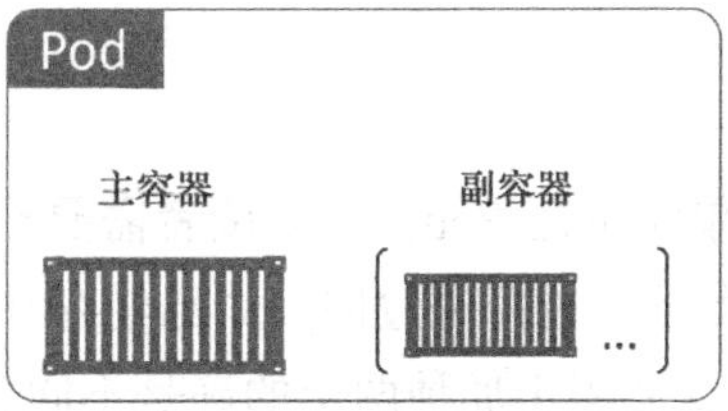

图 2.8

2.6.2 Pod 深度剖析

整体来看，*Pod* 是一个用于运行容器的有限制的环境。Pod 本身并不会运行任何东西，只是作为一个承载容器的沙箱而存在。换一种说法，Pod 就是为用户在宿主机操作系统中划出有限的一部分特定区域，构建一个网络栈，创建一组内核命名空间，并且在其中运行一个或者多个容器，这就是 Pod。

如果在 Pod 中运行多个容器，那么多个容器间是共享相同的 Pod 环境的。共享环境中包括了 IPC 命名空间，共享的内存，共享的磁盘、网络以及其他资源等。举一个具体的例子，运行在相同 Pod 中的所有容器都有相同的 IP 地址（Pod 的 IP 地址），如图 2.9 所示。

如果在同一个 Pod 中运行的两个容器之间需要通信（在 Pod 内部的容器间），那么就可以使用 Pod 提供的 localhost 接口来完成，具体如图 2.10 所示。

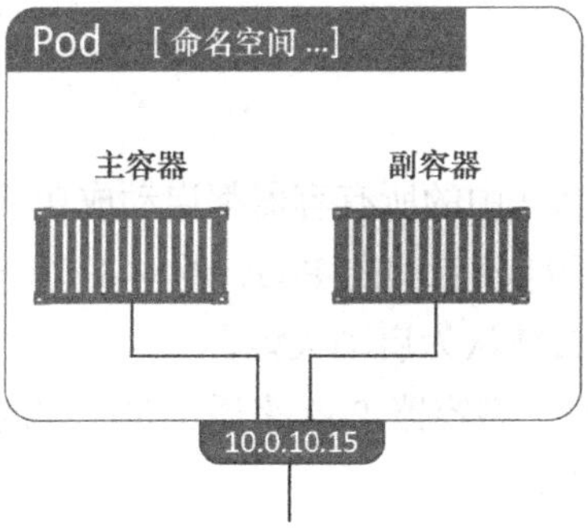

图 2.9

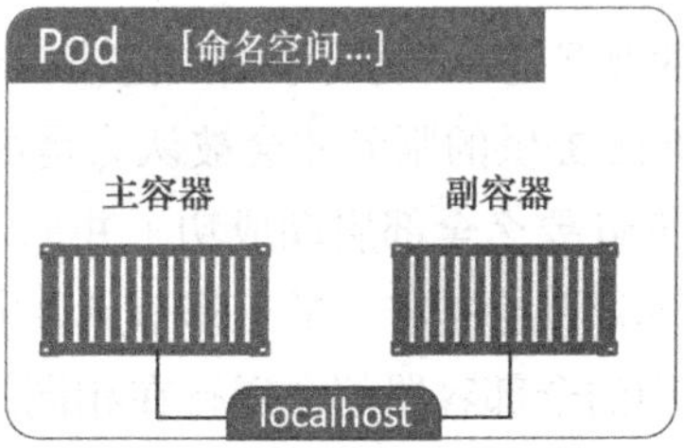

图 2.10

对于存在强绑定关系的多个容器，比如需要共享内存与存储，多容器 Pod 就是一个非常完美的选择。但是，如果容器间并不存在如此紧密的关系，则更好的方式是将容器封装到不同的 Pod，通过网络以松耦合的方式来运行。这样可以在任务级别实现容器间的隔离，降低相互之间的影响。当然这样也会导致大量的未加密的网络流量产生。读者在使用时，最好考虑通过服务网格来完成 Pod 与应用服务间的加密。

2.6.3 调度单元

Kubernetes 中最小的调度单元也是 Pod。如果读者需要扩容或缩容自己的应用，可以通过添加或删除 Pod 来实现。千万不要选择通过向一个已经存在的 Pod 中增加更多的容器这种方式来完成扩容。多容器 Pod 仅适用于那种两个的确是不同容器但又需要共享资源的场景。图 2.11 以 Nginx 为例，展示了使用 Pod 正确扩容的方式。

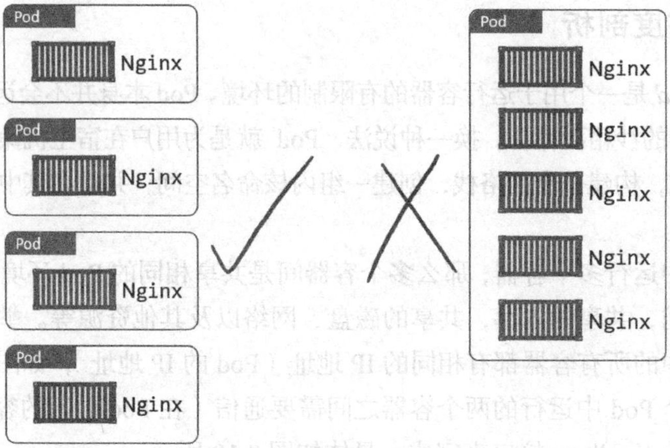

图 2.11

2.6.4 原子操作单位

Pod 的部署是一个原子操作。这意味着，只有当 Pod 中的所有容器都启动成功且处于运行状态时，Pod 提供的服务才会被认为是可用的。对于部分启动的 Pod，绝对不会响应服务请求。整个 Pod 要么全部启动成功，并加入服务；要么被认为启动失败。

一个 Pod 只会被唯一的工作节点调度。这一点对于多容器 Pod 来说也是一样的，一个多容器 Pod 中的全部容器都会运行在相同的工作节点上。

2.6.5 Pod 的生命周期

Pod 的生命周期是有限的。Pod 会被创建并运行，并且最终被销毁。如果 Pod 出现预期外的销毁，用户无须将其重新启动。因为 Kubernetes 会启动一个新的 Pod 来取代有问题的 Pod。

尽管新启动的 Pod 看起来跟原来的 Pod 完全一样，本质上却并不是同一个。这是一个有全新的 ID 与 IP 地址的 Pod。

这种方式可能会对应用程序的设计思路产生影响。不要在设计程序的时候使其依赖特定的 Pod，相反，需要使程序满足 Pod 特性，使其可以在某个 Pod 出现问题后，启动一个全新的 Pod（有新的 ID 与 IP 地址）并无缝地取代原来 Pod 的位置。

2.7 Deployment

大多数时间，用户通过更上层的控制器来完成 Pod 部署。上层的控制器包括 *Deployment*、*DaemonSet* 以及 *StatefulSet*。

举例说明一下：Deployment 是对 Pod 的更高一层的封装，除 Pod 之外，还提供了如扩缩容管理、不停机更新以及版本控制等其他特性。

除此之外，Deployment、DaemonSet 以及 StatefulSet 还实现了自己的 controller 与监控循环，可以持续监控集群状态，并确保当前状态与期望状态相符。

在 Kubernetes 1.2 版本中 Deployment 就已经存在了，在 1.9 版本中正式发布（稳定版本）。在本书的后面还有更多的机会见到它。

2.8 服务与稳定的网络

在前面的内容中刚刚介绍了 Pod 是非常重要的，并且可能会出现故障并销毁。如果通过 Deployment 或者 DaemonSet 对 Pod 进行管理，出现故障的 Pod 会自动被替换。但是替换后的新 Pod 会拥有完全不同的 IP 地址。这种情况也会在水平扩/缩容时发生，扩容时会创建拥有新 IP 地址的 Pod，缩容时会移除掉现有的 Pod。这些都会引起 *IP 地址变化（IP churn）*。

这其中的关键点是 Pod 是不可靠的，这时就出现一个新的挑战：假设用户需要通过一个由多个 Pod 构成的微服务来完成视频渲染工作。如果这个时候应用的其他部分需要依赖渲染服务，但是由于 Pod 不可靠，又不能直接依赖 Pod 服务，这时候该怎么办呢？

此时需要正式介绍 *Service*（服务）机制。Service 为一组 Pod 提供了可靠且稳定的网络。

图 2.12 展示了上传这个微服务并通过 Kubernetes 中的 Service 机制来与渲染微服务进行交互的过程。Kubernetes Service 提供了一个稳定的服务名称与 IP 地址，并且对于其下的两个 Pod 提供了请求级别的负载均衡机制。

展开介绍一下其中的细节。Service 在 Kubernetes API 中是一个成熟且稳定的组件，就像 Pod 与 Deployment 一样。DNS 名称、IP 地址与端口共同组成了其前端。在其后端实现了对一组 Pod 间的动态负载均衡。同时，跟 Pod 一样，Service 也实现了自我监控机制，可以自动更新，并持续提供稳定的网络终端。

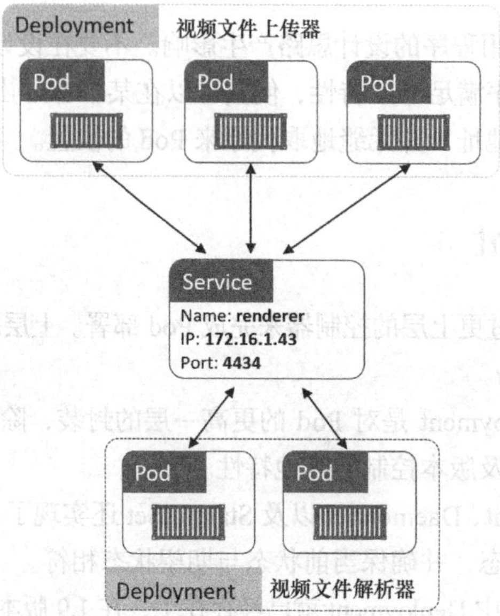

图 2.12

如果对于 Pod 进行数量上的增加，则在 Service 中同样会生效。新的 Pod 会被无缝添加到 Service 并承担请求流量。已经终止的 Pod 会被平滑地从当前 Service 中移除，并不再处理请求流量。

这就是 Service 的职责：一个稳定的网络终端，提供了基组动态 Pod 集合的 TCP 以及 UDP 负载均衡能力。

因为 Service 作用于 TCP 以及 UDP 层，所以 Service 层并不具备应用层的智能，即无法提供应用层的主机与路径路由能力。因此，用户需要一个入口来解析 HTTP 请求并提供基于主机与路径的路由能力。

将 Pod 连接到 Service

Service 使用*标签*（*label*）与一个*标签选择器*（*label selector*）来决定应当将流量负载均衡到哪一个 Pod 集合。Service 中维护了一个*标签选择器*（*label selector*），其中包含了一个 Pod 所需要处理的全部请求对应的标签。基于此，Service 层才能将流量路由到对应的 Pod。

图 2.13 展示了一个特定的服务配置：需要将流量路由到集群中的所有标记了如下标签的 Pod。

- zone=prod。

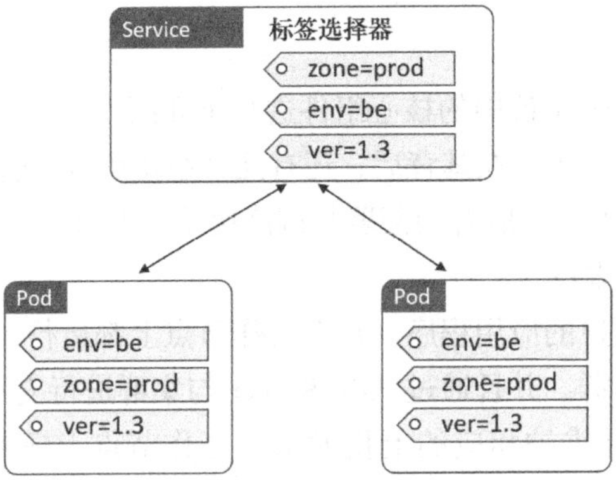

图 2.13

- Env=be。
- ver=1.3。

当前图中所展示的 Pod 都具有这 3 种标签，Service 会把流量均匀地分配到这些 Pod 之中。

图 2.14 展示了一个类似的场景。但是在图中右侧的增加了一个额外的 Pod，这个 Pod 上面的标签与 Service 中标签选择器中的配置并不相符。这意味着服务不会将请求路由给这个新增的 Pod。

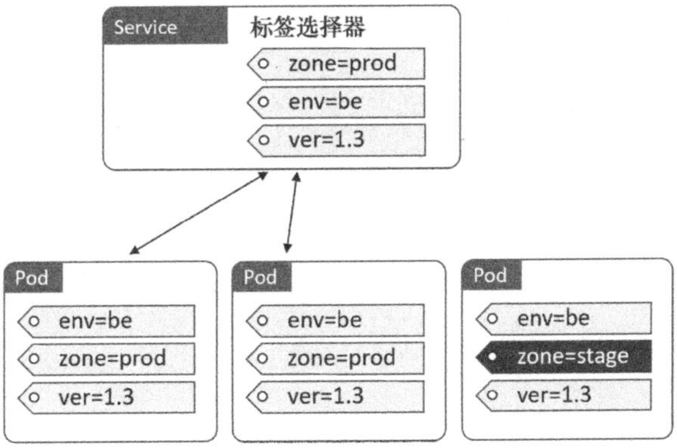

图 2.14

关于 Service 还有最后一件事情。Service 只会将流量路由到健康的 Pod，这意味着如果 Pod 的健康检查失败，那么 Pod 就不会接收到任何流量。

以上就是关于 Service 的基础介绍。Service 为不稳定的 Pod 集合提供了稳定的 IP 地址以及 DNS 名称。

2.9 总结

本章主要对 Kubernetes 集群中的核心组件进行了介绍。

控制平面运行在主节点上。在其背后，还有几个系统服务，包括对集群提供了 RESTful 接口的 API Server。主节点负责所有的部署与调度决策，并且对于生产环境来说，基于多主节点的 HA 方案是非常重要的。

工作节点上运行了用户的应用程序。每个工作节点上都运行了 Kubelet 这个服务，负责将当前工作节点注册到集群，并且通过 API Server 与集群进行交互。Kubelet 通过监听 API 的方式来获取新任务，并维护相应的上报通道。工作节点上还有一个容器运行时，以及 kube-proxy 服务。容器运行时，比如 Docker 或者 containerd，负责响应全部与容器相关的操作。kube-proxy 负责节点上的网络功能。

除此之外，本章还介绍了 Kubernetes 的一些核心 API 组件，比如 Pod、Deployment 以及 Service。Pod 是执行构建的最小单元。Deployment 在 Pod 基础上增加了自愈、水平扩缩容与更新能力。而 Service 提供了稳定的网络与负载均能能力。

现在基础部分已经介绍完成，接下来请随本书一起进一步了解其中的细节。

第 3 章　安装 Kubernetes

本章将介绍几种快速安装 Kubernetes 的方法。

如下是 3 种典型的获得 Kubernetes 的途径。

- 测试用练习环境。
- 托管的 Kubernetes。
- 自定义安装。

3.1 Kubernetes 练习环境

测试用的练习环境是最简单的获得 Kubernetes 的方式，不过并不能用于生产。常见的例子包括 Magic Sandbox、Play with Kubernetes 以及桌面版 Docker。

对于 Magic Sandbox，只需要注册一个账号并登录，即可马上得到一个完整可用的多节点私有集群。其中还有一些内置课程和上手实验。

对于 Play with Kubernetes，需要使用一个 GitHub 或 Docker Hub 账号完成登录，并完成一些简单的操作来搭建一个持续 4h 的集群。

桌面版 Docker 是一个来自 Docker 公司的免费桌面应用。只需要下载并运行安装程序，简单几步单击就可以在计算机上部署一个单节点的环境。

3.2 托管的 Kubernetes 环境

大多数的主流云平台提供托管的 Kubernetes（hosted Kubernetes）服务。采用这种方式，控制平面（control plane，即 master）的相关组件是由云平台管理的。例如，云服务供应商会确保控制平面的高可用和高性能，并负责使控制平面保持更新。另外，用户失去对版本的部分控制，定制化的能力也会受到限制。

抛开优缺点不谈，托管的 Kubernetes 服务是最开箱即用的生产级别的 Kubernetes 了。事实上，Google Kubernetes 引擎（Google Kubernetes Engine, GKE）可以让用户在几个简单的单击之后就能完成生产级别的 Kubernetes 集群和 Istio 服务网格（Service Mesh）的部署。其他云厂商也有类似的服务。

- AWS: Elastic Kubernetes Service（EKS）。
- Azure: Azure Kubernetes Service（AKS）。
- DigitalOcean: DigitalOcean Kubernetes。
- IBM Cloud: IBM Cloud Kubernetes Service。
- Google Cloud Platform: Google Kubernetes Engine（GKE）。

在考虑选择以上某项服务来搭建自己的 Kubernetes 集群时，尝试问自己：自行搭建和管理 Kubernetes 集群能否实现时间和其他资源的最大化利用？如果答案不是“当然是”，那么我强烈建议考虑托管的服务。

3.3 自定义 Kubernetes 集群

自行安装搭建 Kubernetes 集群是最难的方式。

是的，自行安装的过程已经比以前容易多了，但是依然比较难。不过，这种方式具有最高的灵活性，而且可以通过配置实现对集群的完全控制——这是一把双刃剑。

3.4 安装 Kubernetes

搭建 Kubernetes 集群的方式可谓五花八门，我无意全部予以介绍（可能有上百种方式）。本书介绍的方式相对简单，我选择它们的原因在于，用这些方式和相关示例部署 Kubernetes 集群更加简单快速。

后续所有的示例都可以用于 Magic Sandbox 和 GKE，其中大部分示例亦适用于其他安装方式。

本书将介绍如下方式。

- Play with Kubernetes（PWK）。
- 桌面版 Docker：计算机上的本地开发集群环境。
- Google Kubernetes 引擎（GKE）：生产级别托管集群。

3.5 Play with Kubernetes

Play with Kubernetes（PWK）是一种简单快捷的上手 Kubernetes 开发环境的方式，只需要一台能够联网的计算机，以及 Docker Hub 或 GitHub 的账号即可。

然而它也有些限制。

- 时间受限——每次最长的使用时间为 4h。
- 缺少与部分外部服务集成的能力，比如基于云的负载均衡、云存储卷。
- 经常会受到容量限制（它是作为免费服务提供的）。

下面实际操作一下。

1. 使用浏览器进入官网下载。
2. 使用 GitHub 或 Docker Hub 账号登录，并单击 `Start`。
3. 在左侧导航栏中单击`+ ADD NEW INSTANCE`，

网页右侧会出现一个控制台窗口。这是一个 Kubernetes 节点（`node1`）。

4. 执行以下几个命令来查看节点上预装的组件。

```
$ docker version
Docker version 19.03.11-ce...
$ kubectl version --output=yaml
clientVersion:
...
  major: "1"
  minor: "18"
```

由输出可见，节点中已经安装了 Docker 和 `kubectl`（Kubernetes 客户端）。其他工具比如 `kubeadm` 也已经预装。

需要指出的是，虽然命令提示符是`$`，但当前用户是 `root`，这一点可以通过执行 `whoami` 或 `id` 命令来验证。

5. 使用 `kubeadm init` 命令来初始化一个新的集群。

在通过第 3 步添加一个新实例后，PWK 会给出几个用于初始化新 Kubernetes 集群的命令。其中一条是 `kubeadm init` ...，之后的命令会初始化一个新的集群，并使 API Server 在正确网卡的 IP 上监听。

还可以通过在命令中添加`--kubernetes-version` 参数来指定要安装的 Kubernetes 版本。可以在 Kubernetes 项目的 GitHub 页面查看最新版本。并非所有的版本都可以在 PWK 上运行。

```
$ kubeadm init --apiserver-advertise-address $(hostname -i) --Pod-network-cidr...
[kubeadm] WARNING: kubeadm is in beta, do not use it for prod...
[init] Using Kubernetes version: v1.18.8
[init] Using Authorization modes: [Node RBAC]
```

```
<Snip>
Your Kubernetes master has initialized successfully!
<Snip>
```

恭喜！现在已经启动了一个全新的单节点 Kubernetes 集群。执行命令所在的节点（node1）已经被初始化为主节点。

kubeadm init 命令会给出一系列用户可能要执行的命令。它们用来复制 Kubernetes 配置文件和设置权限。不过这里可以忽略，因为 PWK 已经为用户配置好了。不妨到 $HOME/.kube 中查看一下。

6. 执行如下的 kubectl 命令来查看集群信息。

```
$ kubectl get nodes
NAME      STATUS     ROLES    AGE    VERSION
node1     NotReady   master   1m     v1.18.4
```

输出显示这是一个单节点集群。但是节点的状态是 NotReady，这是因为尚未配置 Pod 网络。当第一次登录 PWK 的节点时，会收到 3 个用来配置集群的命令。现在刚刚执行了第一条（kubeadm init…）。

7. 初始化 Pod 网络（集群网络）。

复制在最初创建 node1 时屏幕打印出的 3 条命令中的第二条（也就是 kubectl apply 命令），粘贴到控制台中执行。本书所示的命令（为了排版）会分为多行，并用反斜杠（\）来换行。读者应该删掉行尾的反斜杠。

```
$ kubectl apply -f https://raw.githubusercontent.com...
configmap/kube-router-cfg created
daemonset.apps/kube-router created
Serviceaccount/kube-router created
clusterrole.rbac.authorization.k8s.io/kube-router created
clusterrolebinding.rbac.authorization.k8s.io/kube-router created
```

8. 再次查看集群信息，观察 node1 的状态是否已经更新至 Ready。

```
$ kubectl get nodes
NAME      STATUS    ROLES    AGE    VERSION
node1     Ready     master   2m     v1.18.4
```

现在 Pod 网络已经初始化，控制层也已经 Ready，那么可以添加一些工作节点（worker node）了。

9. 复制 kubeadm init 命令执行后打印出的 kubeadm join 命令。

当使用 `kubeadm init` 命令初始化新集群时，输出的最后会给出用于添加节点的 `kubeadm join` 命令。这条命令包含加入集群所用的 join-token、API Server 所监听的 IP socket，以及添加新节点到集群时所需的其他信息。复制这条命令以便接下来在新节点（node2）的控制台中进行粘贴。

10. 单击 PWK 页面左侧的`+ ADD NEW INSTANCE` 按钮。

此时会得到一个名为 node2 的新节点。

11. 在 node2 的控制台中粘贴 `kubeadm join` 命令。

读者环境中的 join-token 和 IP 地址会有差异。

```
$ kubeadm join --token 948f32.79bd6c8e951cf122 10.0.29.3:6443...
Initializing machine ID from random generator.
[preflight] Skipping pre-flight checks
<Snip>
Node join complete:
 * Certificate signing request sent to master and response received.
 * Kubelet informed of new secure connection details.
```

12. 切换回 node1 并再次执行 `kubectl get nodes` 命令。

```
$ kubectl get nodes
NAME     STATUS    ROLES     AGE    VERSION
node1    Ready     master    5m     v1.18.4
node2    Ready     <none>    1m     v1.18.4
```

现在 Kubernetes 集群中已经有两个节点了：一个主节点和一个工作节点。

请根据需要自行添加其他节点。

恭喜！现在读者已经有一个可以用来测试的 Kubernetes 集群了。

需要指出的是，node1 被初始化为 Kubernetes 主节点，并且其他节点会作为工作节点添加进来。PWK 通常会在主节点旁放置一个蓝色图标，并在工作节点旁放置一个透明图标，以方便用户进行区分。

PWK 的会话只能持续 4h，这显然不可用于生产环境。

请上手练习吧！

3.6 桌面版 Docker

桌面版 Docker 是在读者自己的 macOS 或 Windows 中部署本地开发环境的最佳方式。只需几个步骤就可以轻松地部署一个用于开发和测试的单节点的 Kubernetes 集群。

桌面版 Docker 通过创建一个虚拟机，然后在虚拟机中启动一个单节点的 Kubernetes 集群来实现。同时它还会完成 kubectl 客户端的配置，以便连接集群。最后，还有一个简单的图形界面用来执行诸如切换 kubectl context 的基本操作。

注：所谓 kubectl context，就是用来告诉 kubectl 命令“去连接哪个集群”的一系列配置。

1. 打开 Docker 主页，选择 `Products > 桌面版 Docker`。
2. 单击 macOS 或 Windows 对应的下载按钮。

可能需要登录 Docker Store，账号和桌面版 Docker 软件一样都是免费的。

3. 打开下载的安装程序，并按步骤安装。

安装完成后，会有一个鲸鱼图标出现在 Windows 任务栏或 macOS 的菜单栏中。

4. 单击鲸鱼图标（可能需要右击），进入设置界面，然后在 `Kubernetes` 页签中启用 Kubernetes。

此时可以打开终端查看集群信息。

```
$ kubectl get nodes
NAME                  STATUS   ROLES    AGE   VERSION
docker-for-desktop    Ready    master   28d   v1.16.6
```

恭喜！现在读者已经有一个本地的 Kubernetes 集群了。

3.7 Google Kubernetes 引擎（GKE）

Google Kubernetes 引擎（Google Kubernetes Engine, GKE）是运行在 Google 云平台（Google Cloud Platform, GCP）上的托管 Kubernetes 服务。类似于其他的托管 Kubernetes 服务。

- 提供简单快捷的搭建生产级 Kubernetes 集群的能力。
- 提供管理控制面板（用户无须管理主节点）。
- 按功能项收费。

注：GKE 等托管的 Kubernetes 服务并不是免费的。有些服务可能提供试用版或一定数量的免费试用券。不过总体来说，还是需要花钱使用的。

配置 GKE

若要使用 GKE 的话，用户需要事先准备一个配置好付费信息的 Google 云的账号，以及一个空项目。这些都比较容易，故而不再赘述——本章假设读者已经具备这些条件。

下面将会逐步介绍如何在浏览器中完成 GKE 的配置。将来可能会有细节上的改动，不过总体流程是相同的。

1. 在 Google 云平台的控制台，打开左侧导航栏并选择 `Kubernetes Engine > Clusters`。可能需要单击左上角的 3 条横线的图标来展开导航栏。

2. 单击 `Create cluster` 按钮，进入创建 Kubernetes 集群的向导。

3. 为集群起个名字，并填写描述。

4. 选择读者想要一个 `Regional`（跨域）还是 `Zonal`（域内）的集群。Reginal 较新而且更加有弹性——集群中的节点可以分布在多个 Zone 中，但仍然可以通过高可用的单一端点（endpoint）来访问它们。

5. 选择集群的 Region 或 Zone。

6. 选择 `Master Version`，用于指定在各个节点上运行的 Kubernetes 的版本。可选的版本受限于下拉菜单，选择一个最新的版本即可。

除了设置 `Master Version`，还可以选择一个 *release channel*，这会影响到集群升级到新版本的方式。

7. 这里还可以配置左侧的一些高级选项。比如设置节点是运行在 Docker 还是 containerd 上，以及是否需要启用 Istio 服务网格。读者可以浏览一下这些设置，当然也可以保持默认。

8. 完成设置后请单击 `Create`。

至此集群就已经创建好了。

此时可以看到 `Clusters` 界面展示的项目中 Kubernetes 集群的信息总览。图 3.1 所示为一个名为 `gke` 的三节点集群。

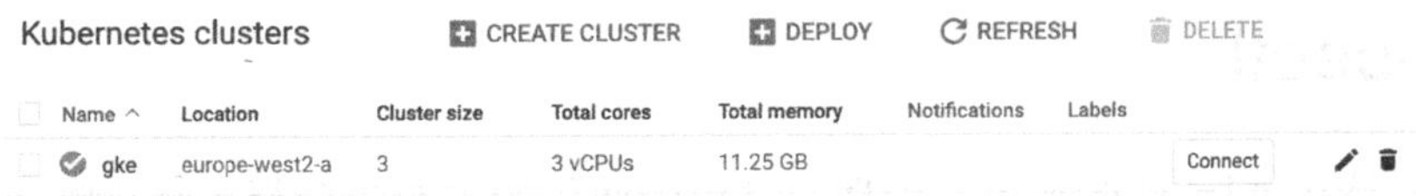

图 3.1

单击集群名称进入详情。

单击页面上方的> `CONNECT` 图标（图 3.1 中没有展示），会给出从自己的计算机上配置本地 `gcloud` 和利用 `kubectl` 工具来连接集群的命令，复制该命令到剪切板。

下面的步骤需要下载和安装 `gcloud` 和 `kubectl` 工具。

在安装并配置好 `gcloud` 后，可以打开终端，将前面复制的 `gcloud` 命令粘贴执行，完成 `kubectl` 客户端连接 GKE 集群的配置。

执行 kubectl get nodes 命令列出集群中的节点。

```
$ kubectl get nodes
NAME               STATUS    AGE    VERSION
gke-cluster...     Ready     5m     v1.17.9-gke.1503
gke-cluster...     Ready     6m     v1.17.9-gke.1503
gke-cluster...     Ready     6m     v1.17.9-gke.1503
```

恭喜！现在读者已经了解了如何用 Google Kubernetes 引擎（GKE）创建一个生产级的 Kubernetes 集群，以及如何查看和连接它。

读者可以用这个集群来练习本书后面的例子，不过记得在使用完 GKE 集群后删除它。即使不再需要它，GKE 等托管的 K8s 平台也可能会继续计费。

3.8 其他安装方法

如前所述，安装 Kubernetes 有许多种方法，其中包括以下两种。

- kops。
- kubeadm。

kops 是用于在 AWS 上安装 Kubernetes 的一个“武断”（opinionated）的工具，所谓“武断”，是说在用它安装的时候没有太多可定制的空间。如果需要一个高度可定制化的集群，建议使用 kubeadm。

本书的前一版本花费了数十页来介绍这两种方法。然而，其中干货太多，令读者难以按步骤操作。这一版本，建议读者根据 kops 或 kubeadm 的在线指南来进行部署。

3.9 kubectl

kubectl 是在进行 Kubernetes 管理的过程中使用的主要命令行工具。将 kubectl 看作 Kubernetes 的 SSH 有助于理解其作用。kubectl 有 Linux、macOS 和 Windows 版本。

作为主要的命令行工具，kubectl 的次版本号与集群的次版本号的数字差距应不大于 1。例如，如果集群中运行的是 Kubernetes 1.16.x，那么所使用的 kubectl 版本应介于 1.15.x 和 1.17.x 之间。

总体来说，kubectl 的作用是将对用户友好的命令转换成 API Server 所能理解的 JSON 格式。它基于一个配置文件来决定将其 POST 到哪个集群的 API Server。

默认情况下，kubectl 的配置文件位于$HOME/.kube/config。它包含如下配置信息。

- clusters。

- contexts。
- users（凭证）。

clusters 部分是 kubectl 可以连接的多个集群的列表，当用户需要管理多个集群时会非常有用。每个集群的定义都包含名字、证书信息和 API Server 端口。

contexts 部分定义的是集群和相关用户的组合，并用易于记忆的名字来代指。例如，配置中有名为 deploy-prod 的 context，它将名为 deploy 的用户凭证和名为 prod 的集群定义组合起来。此时如果基于这个 context 使用 kubectl，那么该命令将会以 deploy 用户的身份发送至集群 prod 的 API Server。

users 部分用于定义不同的用户以及对不同集群的不同级别的权限。例如，配置中可能有 dev 用户和 ops 用户，它们分别具有不同的权限。每一个用户的定义都有一个易于记忆的名字（name）、一个账号（username）和一系列凭证信息。

如下是一个 kubectl 的配置文件，其中定义了一个名为 minikube 的集群、一个名为 minikube 的 context，以及一个名为 minikube 的用户。该 context 是用户 minikube 和集群 minikube 的组合，并被设置为默认的 context。

```
apiVersion: v1
clusters:
- cluster:
    certificate-authority: C:\Users\nigel\.minikube\ca.crt
    server: https://192.168.1.77:8443
  name: minikube
contexts:
- context:
    cluster: minikube
    user: minikube
  name: minikube
current-context: minikube
kind: Config
preferences: {}
users:
- name: minikube
  user:
    client-certificate: C:\Users\nigel\.minikube\client.crt
    client-key: C:\Users\nigel\.minikube\client.key
```

执行 kubectl config view 命令可以查看 kubectl 配置，敏感数据会在输出中被抹掉。

执行 kubectl config current-context 命令可以查看当前使用的 context。如下示例的输出表示 kubectl 命令会发送给$HOME/.kube/config 中定义的名为 eks-K8sbook 的集群。

```
$ kubectl config current-context
eks_k8sbook
```

用户可以使用 kubectl config use-context 来改变当前的 context。以下命令将设置当前 context 为 docker-desktop，则后续的命令将发送给 docker-desktop 这个 context 中定义的集群。显然，需要确保名为 docker-desktop 的 context 在配置文件中确实是有定义的。

```
$ kubectl config use-context docker-desktop
Switched to context "docker-desktop".

$ kubectl config current-context
docker-desktop
```

3.10 总结

本章介绍了在不同的平台安装 Kubernetes 的几种不同的方法。

首先介绍了如何简单快速地在 Play with Kubernetes（PWK）上搭建一套 Kubernetes 集群。这种方式无须在自己的计算机或云上安装任何东西，即可得到一个可使用 4h 的练习环境。

然后介绍了如何使用桌面版 Docker 在计算机上部署开发环境。

还介绍了如何使用 Google Kubernetes Engine（GKE）在 Google 云上部署一套托管的 Kubernetes 集群。

最后是对 kubectl 这一 Kubernetes 命令行工具的概述。

第 4 章　Pod 的使用

本章将分为两个部分。

- 原理介绍。
- 上手实战。

首先介绍 Pod 原理。

4.1　Pod 原理

在虚拟化（virtualization）的世界中，虚拟机（Virtual Machine, VM）是进行调度的最小单元。因此，在虚拟化环境中部署应用即在 VM 中对应用进行调度。

在 Docker 的世界中，最小单元是容器。这意味着在 Docker 中部署应用即在容器中进行应用的调度。

在 Kubernetes 的世界中，最小单元是 Pod。因此，在 Kubernetes 中部署应用即在 Pod 中进行应用的部署。

这是理解 Kubernetes 的根本，请将“虚拟化管理 VM、Docker 管理容器、Kubernetes 管理 Pod”印在脑子里（见图 4.1）。

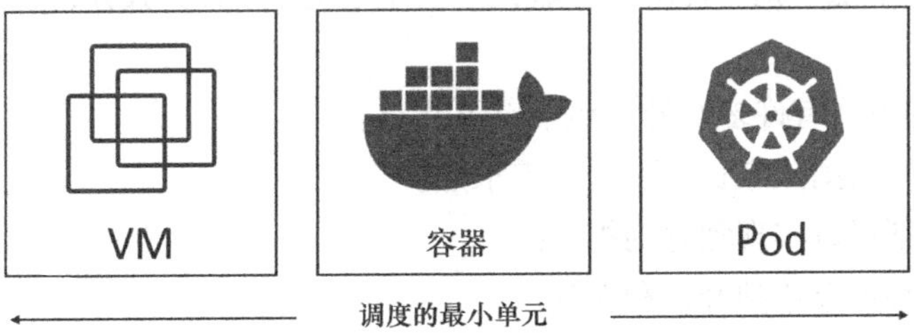

图 4.1

既然 Pod 是在 Kubernetes 中进行部署的基本单位，那么理解其工作原理就非常重要。

注： 本章中将会就 Pod 展开详细介绍。不过请注意，Pod 只是所部署应用的承载工具。

4.1.1 Pod 和容器

第 3 章提到，Pod 中托管了一个或多个容器。从“规格”的角度来看，Pod 介于容器和 VM 之间——它比容器大，又远小于 VM。

更确切地说，一个 Pod 就是由一个或多个容器共享的运行环境。

最简单的模型是一个 Pod 中仅包含一个容器的情况，但是多容器的 Pod 也正在获得越来越多的应用，并且在高级配置中发挥重要作用。

而对于多容器 Pod 来说，其中一个“以应用为中心”的使用场景，就是用于承载被共同调度的紧耦合的工作负载。比如，集群中共享内存的两个容器，在被调度到不同的节点上时将无法正常运行的情况。通过将两个容器置于同一个 Pod 中，可以确保它们被调度到同一个节点，并且共享同样的执行环境。

多容器 Pod 的一个“以基础设施为中心”的使用场景，就是服务网格（Service Mesh）。在服务网格模型中，每个 Pod 会塞入一个代理容器（proxy container）。由代理容器来处理所有进出 Pod 的网络流量，这样就可以方便地实现类似流量加密、网络检测、智能路由等特性。

4.1.2 多容器 Pod：典型示例

举个例子来对比单容器和多容器 Pod：启用文件同步的 Web 服务。

在本例中，我们有两个明确的需求点（concern）。

1. 提供 Web 页面服务。
2. 保持页面内容是最新版。

问题在于如何满足这两个需求点，是置于一个容器中还是两个容器中？

这里所谓的需求点是指一个需求或任务。一般来说，在微服务的设计模式中应当分离需求点，意思就是一个容器实现一个需求点。

对刚才的例子来说，就需要两个容器：一个用于提供 Web 服务，另一个用于提供文件同步服务。

分离需求点的方式有许多好处，包括以下几点。

- 可以由不同的团队来负责不同的需求点。
- 每个服务都可以实现独立的扩/缩容。
- 每个服务都可以单独开发和迭代。
- 每个服务都可以遵循其单独的发布节奏。
- 即使一个服务宕掉，其他服务还能够保持运行。

尽管分离需求点有诸多好处，但还是经常需要将这些分离的容器置于一个 Pod 中同时调度。这样可以确保它们被调度到同一个节点，并且共享同样的执行环境（Pod 环境）。

多容器 Pod 的使用场景包括：两个容器需要共享内存或卷（volume），如图 4.2 所示。

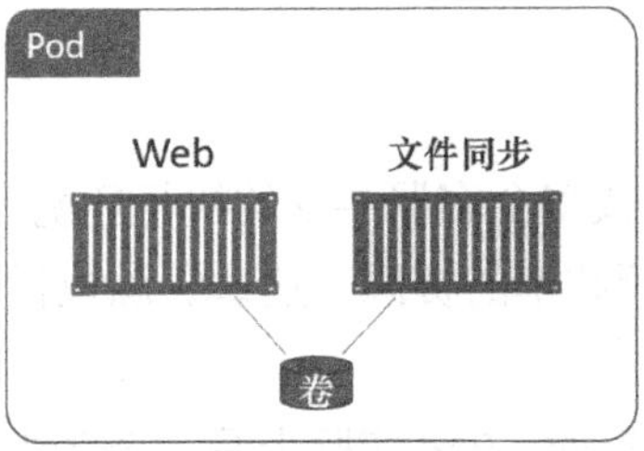

图 4.2

实现卷共享的最简单的方式就是使两个容器运行在同一个 Pod 中。这可以确保它们总是运行在同一个节点上，并共享同样的执行环境（包括卷）。

总之，通常的设计原则就是通过设计只完成一个单独任务的容器来分离需求点。最简单的模型是在每个 Pod 中调度一个单独的容器，不过更加高级的用户场景会需要在一个 Pod 中放置多个容器。

4.1.3 如何部署 Pod

请牢记，Pod 只是运行应用的载具。因此，无论何时，在提到“运行或部署 Pod”时，等同于是说“运行或部署应用”。

如果要在 Kubernetes 集群中部署一个 Pod，则需要在一个部署清单（manifest）文件中进行定义，并将该文件 `POST` 到 API Server。控制平面（control plane）会检查这个 YAML 格式的配置文件，并将其作为一条部署意图的记录（a record of intent）写入集群存储中，然后调度器会选择一个健康的有充足可用资源的节点来部署它。无论是单容器的还是多容器的 Pod，这一过程都是一样的，如图 4.3 所示。

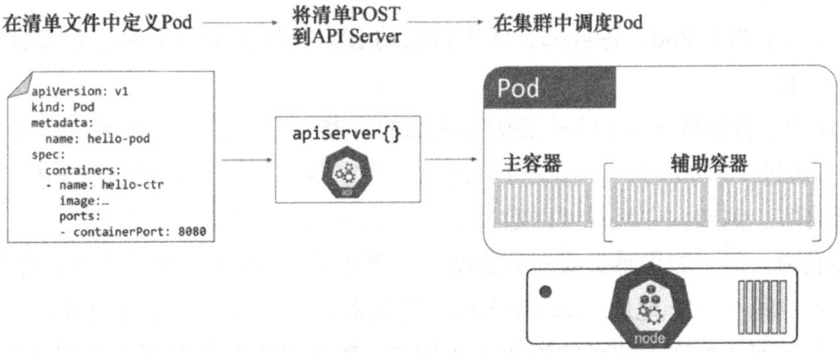

图 4.3

下面进行更深入的探讨。

4.1.4 “解剖”Pod

总体来说，Pod 就是被一个或多个容器共享的执行环境。所谓共享的执行环境，是指 Pod 中的一系列被其内部每个容器所共享的资源。这些资源包括 IP 地址、端口、主机名、套接字、内存、卷，等等。

在使用 Docker 作为容器运行时，Pod 实际上是一个名为 pause container 的特殊容器。没错，Pod 就是一种特殊容器的花哨称谓。这意味着，运行在 Pod 中的容器实际上是运行在容器中的。想要对此有更多了解，不妨看一下由克里斯托弗·诺兰导演，莱昂纳多·迪卡普里奥主演的《盗梦空间》。

不开玩笑了，Pod（pause container）就是一些系统资源的集合，并且能够被其中运行的容器继承和共享。这些系统资源就是内核命名空间（kernel namespace），包括以下几部分。

- 网络命名空间：IP 地址、端口范围、路由表……
- UTS 命名空间：主机名。
- IPC 命名空间：UNIX 域套接字（domain socket）……

由此来说，Pod 中的所有容器都共享主机名、IP 地址、内存地址空间以及卷。

下面来看一下这将如何影响网络。

4.1.5 Pod 与共享网络

每个 Pod 会创建其自己的网络命名空间。其中包括一个 IP 地址、一组 TCP 和 UDP 端口范围，以及一个路由表。即使是多容器 Pod 也是如此——其中的每个容器共享 Pod 的 IP、端口范围和路由表。

图 4.4 示意了两个 Pod，各自都有属于自己的 IP。虽然其中一个 Pod 是多容器的，但它依然只有一个 IP。

在图 4.4 中，若要从 Pod 1 的外部访问内部的容器，需要使用 IP 地址和容器所关联的端口号。例如，通过 `10.0.10.15:80` 可以访问到主容器。内部容器间则通过 Pod 的 localhost 适配器进行通信。例如，主容器可以通过 `localhost:5000` 访问辅助容器。

最后再强调一遍（如果感觉我有些絮叨，非常抱歉）：Pod 中的每个容器都共享 Pod 的整个网络命名空间——IP 地址、`localhost` 适配器、端口范围、路由表等。

不过，正如前面所言，共享的资源不止网络。Pod 中的所有容器都可以访问相同的卷、内存和 IPC 套接字等资源。严格来说，Pod 持有所有的命名空间，并被 Pod 中的所有容器继承和共享。

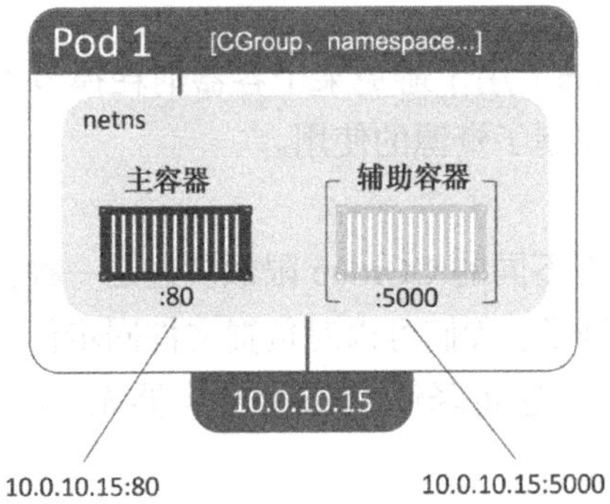

图 4.4

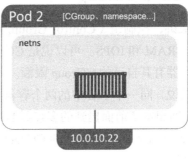

这样的网络模型使 Pod 内的通信变得非常简单。集群中的每个 Pod 都有各自的完全可以在 Pod 网络中路由的 IP 地址。如果读者阅读了第 3 章的话，在 3.5 节末尾以及介绍 kubeadm 的部分，就会了解到如何创建一个 Pod 网络。由于每个 Pod 都获取到其可路由的 IP 地址，因此 Pod 网络上的每个 Pod 都可以与其他 Pod 进行直接通信，而无须借助令人生厌的端口映射，如图 4.5 所示。

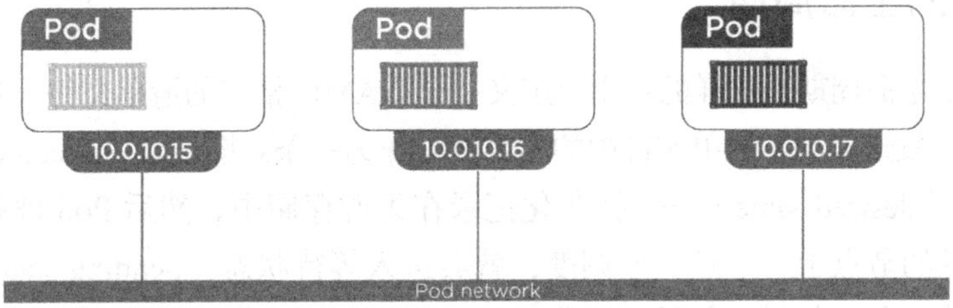

图 4.5

前面提到，Pod 内通信——属于同一个 Pod 的两个容器间的通信——可以借助 Pod 的 `localhost` 接口实现，如图 4.6 所示。

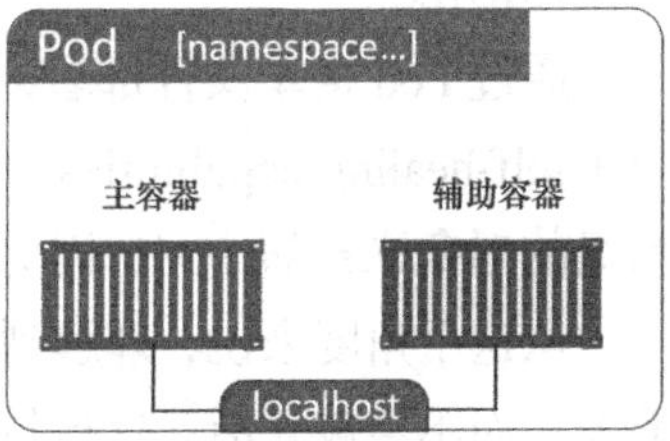

图 4.6

如果需要从外部访问 Pod 内的容器，则需要分别将其暴露在不同的端口上。每个容器都有其自己的端口，同一个 Pod 中的容器不能使用同一个端口。

总而言之，Kubernetes 中的所有都是基于 Pod 的，Pod 被部署、Pod 获取 IP、Pod 拥有所有的命名空间，等等。Pod 即是 Kubernetes 的核心。

4.1.6 Pod 与 CGroup

总体来讲，控制组（Control Group, CGroup）用于避免某个容器消耗掉节点上所有可用的 CPU、RAM 和 IOPS。可以说是 CGroup 限制了资源的使用。

每个容器有其自己的 CGroup 限额。

也就是说，同一个 Pod 中的两个容器可以有不同的 CGroup 限额。这是一种强大而又灵活的模式。回想本章前面提到的多容器 Pod 的例子，我们可以对负责文件同步任务的容器设置比提供 Web 服务的容器更低的 CGroup 限额。这将降低 Web 服务容器无 CPU 或内存资源可用的风险。

4.1.7 Pod 的原子部署

部署一个 Pod 是一种原子操作。也就是说，这一操作要么整体成功，要么全部失败——没有 Pod 被“部分”部署成功的状态。同样也意味着，Pod 中的所有容器将被调度到同一个节点上。

一旦所有的 Pod 资源就绪，Pod 就变为可用状态。

4.1.8 Pod 的生命周期

典型的 Pod 生命周期是这样的：用户定义一个 YAML 格式的清单文件，并将其 POST 到 API Server。一旦发送成功，清单文件中的内容就被作为一条意图记录（a record of intent）——即“期望状态”（desired state）——持久化记录在集群存储中，然后 Pod 被调度到一个健康的、有充足资源的节点上。一旦完成调度，就会进入等待状态（pending state），此时节点会下载镜像并启动容器。在所有资源就绪前，Pod 的状态都保持在等待状态。一切就绪后，Pod 进入运行状态（running state）。在完成所有任务后，会停止并进入成功状态（succeeded state）。

当 Pod 无法启动时，保持在等待状态（pending state）或进入失败状态（failed state），如图 4.7 所示。

通过 Pod 清单文件部署的 Pod 是单例的——它没有副本（not replicated），也没有自愈能力（self-healing capabilities）。正因如此，我们几乎都会基于 Deployment 和 DaemonSet 等更高级的对象来部署 Pod，因为它们可以在 Pod 宕掉的时候进行重新调度。

从这个角度来说，理解到“Pod 有生老病死”这一点是很重要的。在它“死亡”之后就会消失，而不会被复活。这也符合“宠物 vs 牲畜”的类比，并且 Pod 应该被作为牲畜对待——如果“挂了”，就用另外一个来代替。旧的 Pod 被清理，新的 Pod——同样的配置，不同的

ID 和 IP——奇迹般地出现并补位。

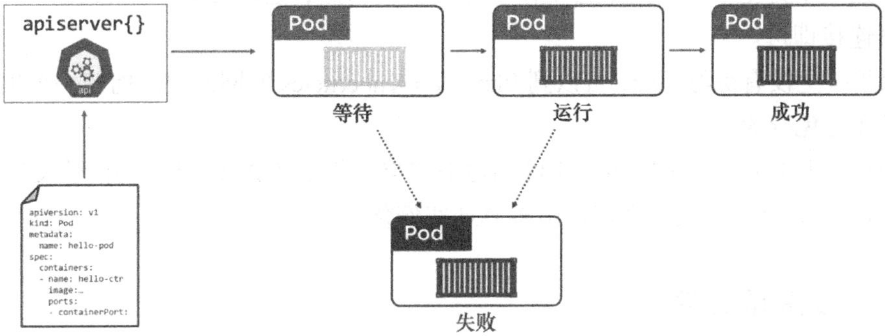

图 4.7

这也是在开发应用的时候应当注意不要保存 Pod 的状态（state）的原因，也是不应依赖 Pod 的 IP 的原因。单例的 Pod 是不可靠的！

4.1.9 小结

1. Pod 是 Kubernetes 中被调度的最小单位。

2. Pod 中可能包含多个容器。单容器 Pod 是最简单的，但是多容器 Pod 对于紧耦合的容器使用场景来说更加适用，多容器 Pod 非常适用于日志和服务网格。

3. Pod 被调度到节点上——一个 Pod 不能被调度为跨多个节点。

4. Pod 是被基于声明式的方式定义在一个清单文件中的，该文件会被 POST 到 API Server，然后被调度器分配到节点上。

5. 几乎总是通过更高级的部署对象来部署 Pod。

4.2 Pod 实战

是时候上手实战一下了。

本章剩余内容的示例均使用如图 4.8 所示的 3 节点集群。

图 4.8

这个集群部署在哪以及如何部署都无所谓。只需要将 3 个 Linux 主机配置为 Kubernetes 集群，并且一个为主节点、两个为工作节点即可。当然，还需要安装 kubectl，并且配置为与该集群连接即可。

如果手头上没有练习环境，可以到 Play with Kubernetes 的网站快速构建一个集群，这很容易而且还是免费的。

下面将遵循 Kubernetes 的清单文件编写格式与规范定义 Pod，然后将清单文件 POST 到 API Server，并最终让调度器在集群中将 Pod 实例化。

4.2.1 Pod 清单文件

本章的例子使用如下的 Pod 清单。下面的代码可以在本书的 GitHub 库的 `Pods` 目录下的 `Pod.yml` 文件中找到。

```
apiVersion: v1
kind: Pod
metadata:
  name: hello-Pod
  labels:
    zone: prod
    version: v1
spec:
  containers:
  - name: hello-ctr
    image: nigelpoulton/k8sbook:latest
    ports:
    - containerPort: 8080
```

下面详细解释一下该 YAML 文件的内容。

首先可以看到 4 个顶级资源（top-level resource）。

- `apiVersion`。
- `kind`。
- `metadata`。
- `spec`。

`apiVersion` 定义了两个属性：用来创建部署对象的 API 组和 API 版本。通常来说，其格式是 <api-group>/<version>。不过，Pod 对象定义在一个名为 Core 的特殊的 API 组（API Group），可以忽略 `api-group` 部分。例如，`StorageClass` 对象是在 `v1` 版本的

storage.k8s.io API 组中定义的，那么在 YAML 文件中就可以写作 storage.k8s.io/v1。而定义 Pod 所在的 Core API 组是特殊的，可以忽略组名，故而在 YAML 文件中只写 v1 即可。

对于某一个资源来说，它有可能是在某个 API 组的多个版本里有定义的。例如 some-api-group/v1 和 somp-api-group/v2。在这种情况下，更新的定义中可能包含最新添加的特性或属性，从而附带更多功能。可以把 version 看作是对 schema 的定义——通常版本越新越好。有趣的是，在部署的时候，如果查看返回的版本值，可能会发现它与 YAML 文件中定义的版本号不一致。比如，在 YAML 文件中指定了部署对象的版本为 v1，而运行部署命令后返回的值却是 v1beta1。这是正常情况。

本例中，Pod 是定义在 v1 版本下的。

kind 属性告诉 Kubernetes 要部署的对象类型。

到目前为止，从本 YAML 文件中可以得出的是，要部署一个在 Core API 组的 v1 版本中定义的 Pod 对象。

metadata 部分可以用来定义名称和标签（label）。这些信息有助于在集群中识别所部署的对象，标签有助于建立一种相对较弱的关联关系。用户还可以对要部署的对象指定 namespace（命名空间）。简单来说，namespace 可以用于从管理层面对集群进行逻辑上的划分。实际使用过程中，强烈建议使用 namespace，不过，它并不能作为安全屏障来使用。

metadata 中为 Pod 起名为 hello-Pod，并分配了两个标签。标签就是简单的键值对，但是却非常有用。后续随着内容的展开将继续介绍与标签相关的内容。

metadata 中并未指定 namespace，因此会使用 default 命名空间。不过在生产环境中，并不建议使用 default 命名空间。

spec 部分中定义 Pod 所运行的容器。本例所部署的 Pod 中只有一个基于镜像 nigelpoulton/k8sbook:latest 的容器。这个容器被命名为 hello-ctr 并且通过端口 8080 暴露出来。

如果这是一个多容器的 Pod，那么就可以在.spec 部分增加关于其他容器的定义。

4.2.2 清单文件：共情即代码

临时插个话题。

类似 Kubernetes 清单文件等配置文件，其实是一种非常好的文档。同时，它们还有其他的好处，包括如下两点。

- 帮助团队新成员快速熟悉过程。
- 弥合开发人员与运维人员之间的隔阂。

例如，如果团队新进成员需要了解所开发产品的基本功能和需求，那么就可以读一下

Kubernetes 清单文件。

同样的，如果运维团队抱怨开发人员没有给出确切的需求和文档，那么让开发人员使用 Kubernetes 吧。Kubernetes 会强制开发人员使用清单文件来描述所开发的产品，运维人员可通过清单文件了解程序的运行方法以及对运行环境的需求。

这种好处即可表述为"共情即代码"（empathy as code），这种说法是尼尔马尔·梅塔（Nirmal Mehta）在 2017 年 DockerCon 的题为"A Strong Belief, Loosely Held: Bringing Empathy to IT"的演讲中提出的。

我理解将这样的 YAML 文件描述为"共情即代码"听起来有点极端。但是这一概念确实有助于理解。

书归正传……

4.2.3 基于清单文件部署 Pod

继续进行本节的示例，将前面所述的清单文件保存为当前目录下的 Pod.yml，然后执行如下的 kubectl 命令将其 POST 到 API Server。

```
$ kubectl apply -f Pod.yml
Pod/hello-Pod created
```

虽然从输出来看 Pod 已经被创建，但可能尚未完全部署好。这是因为下载镜像需要一些时间。

执行 kubectl get Pods 命令来检查状态。

```
$ kubectl get Pods
NAME        READY   STATUS              RESTARTS   AGE
hello-Pod   0/1     ContainerCreating   0          9s
```

可见容器仍然在创建过程中——估计是在等待镜像从 Docker Hub 完成下载。

读者可以对 kubectl get Pods 命令添加--watch 参数来监控它，以便在状态发生变化时能够及时看到。

太棒了！Pod 已经被调度到集群的一个健康的节点上，并且被本地的 Kubelet 进程监控。Kubelet 进程是 Kubernetes 在节点上的代理（agent）程序。

在后续章节中，会介绍如何连接到 Pod 中运行的 Web Server。

4.2.4 查看运行中的 Pod

对于 kubectl get Pods 命令来说，返回的结果缺乏细节。不过不用担心，还有许多查看 Pod 信息的方法。

首先，kubectl get 命令就提供了一些参数，用来获取更多信息。

-o wide 参数能够多输出几列信息，不过依然是单行输出。

-o yaml 参数更进一步。它能够返回集群存储中的一份完整的关于 Pod 的清单。输出的内容大体分为两块。

- 期望状态（spec）。
- 当前（观测）状态（status）。

以下是 kubectl get Pods hello-Pod -o yaml 命令的部分输出内容。

```
$ kubectl get Pods hello-Pod -o yaml
apiVersion: v1
kind: Pod
metadata:
  annotations:
    kubectl.kubernetes.io/last-applied-configuration: |
      ...
  name: hello-Pod
  namespace: default
spec:  #期望状态
  containers:
  - image: nigelpoulton/k8sbook:latest
    imagePullPolicy: Always
    name: hello-ctr
    ports:
status: #当前状态
  conditions:
  - lastProbeTime: null
    lastTransitionTime: 2019-11-19T15:24:24Z
    state:
      running:
        startedAt: 2019-11-19T15:26:04Z
...
```

可见输出的内容比以前的 13 行的 YAML 文件增加了不少内容。这些额外的信息来自哪里呢?

两个主要的来源如下。

- Kubernetes 的 Pod 对象有比清单文件中定义的内容多得多的配置。没有配置的值就会由默认值代替。

- 当执行带-o yaml 参数的 kubectl get Pods 命令时，除了 Pod 的期望状态，还会获取当前状态。当前状态放在 status 片段中。

4.2.5 kubectl describe

Kubernetes 还有一个好用的查看命令，就是 kubectl describe。该命令会打印出所查看对象的总览信息，其多行格式易于阅读。内容中还包含对象的重要的生命周期事件。下面用该命令查看 hello-Pod 的状态。

```
$ kubectl describe Pods hello-Pod
Name:          hello-Pod
Namespace:     default
Node:          k8s-slave-lgpkjg/10.48.0.35
Start Time:    Tue, 19 Nov 2019 16:24:24 +0100
Labels:        version=v1
               zone=prod
Status:        Running
IP:            10.1.0.21
Containers:
  hello-ctr:
    Image:          nigelpoulton/k8sbook:latest
    Port:           8080/TCP
    Host Port:      0/TCP
    State:          Running
Conditions:
  Type           Status
  Initialized    True
  Ready          True
  PodScheduled   True
...
Events:
  Type    Reason     Age   Message
  ----    ------     ----  -------
  Normal  Scheduled  2m    Successfully assigned...
  Normal  Pulling    2m    pulling image "nigelpoulton/K8sbook:latest"
  Normal  Pulled     2m    Successfully pulled image
  Normal  Created    2m    Created container
```

```
  Normal   Started     2m    Started container
```

输出的内容由于篇幅过长进行了裁剪。

4.2.6 kubectl exec：在 Pod 中执行命令

另一种查看运行中的 Pod 的方法是进入容器执行命令，这可以通过 kubectl exec 命令实现。下面的示例演示了如何在 hello-Pod 的第一个容器中执行 ps aux 命令。

```
$ kubectl exec hello-Pod -- ps aux
PID   USER      TIME    COMMAND
  1   root      0:00    node ./app.js
 11   root      0:00    ps aux
```

同时，也可以通过执行 kubectl exec 命令登录（log-in）到运行的容器内部。此时，终端的命令提示符可能会发生变化，以表明目前的会话是运行在 Pod 的容器内部的，此时就可以执行命令了（需要容器内安装相关命令的二进制包）。

以下的 kubectl exec 命令就可以登录到 hello-container 这个 Pod 的第一个容器中。一旦进入容器，就可以安装 curl 工具，并执行 curl 命令来获取在 8080 端口的进程上监听的数据。

```
$ kubectl exec -it hello-Pod -- sh

# apk add curl
<Snip>

#curl localhost:8080
<html><head><title>Pluralsight Rocks</title><link rel="stylesheet" href="http://
netdna.bootstrapcdn.co\m/bootstrap/3.1.1/css/bootstrap.min.css"/></head><body><div
class="container"><div class="jumbotron"><\h1>Yo Pluralsighters!!!</h1><p>Click the
button below to head over to my Podcast...</p><p><a href="http://intechwetrustPodcast.
com"class="btn btn-primary">Podcast </a></p><p></p></div></div></body></html\>
```

参数-it 的作用在于使 exec 的会话成为交互式（interactive）的，并且把当前终端的 STDIN 和 STDOUT 与 Pod 中第一个容器的 STDIN 和 STDOUT 连接起来。

对于 Pod 中有多个容器的情况，需要在执行 kubectl exec 命令时添加--container 参数，通过给出容器名称来指定想要创建 exec 会话的容器。如果不指定，则会进入 Pod 的第一个容器中执行。Pod 中容器名称的顺序可以通过 kubectl describe Pods <Pod>命令来查看。

4.2.7 kubectl logs

还有一个常用的查看 Pod 的命令是 kubectl logs。和其他有关 Pod 的命令类似，如果不使用--container 参数指定容器名称，则会对 Pod 中的第一个容器起作用。命令的格式为 kubectl logs <Pod>。

显然到此为止关于 Pod 还只介绍了冰山之一角。不过，已经足够入门了。

如果正在容器内的 exec 会话中，可以通过输入 exit 来退出。还可以执行 kubectl delete 来删除 Pod。

```
# exit
$ kubectl delete -f Pod.yml
Pod "hello-Pod" deleted
```

4.3 总结

在本章中，首先了解到的是在 Kubernetes 的世界，Pod 是部署操作中的最小原子单位。每一个 Pod 由一个或多个容器构成，在集群中体现为一个独立的节点来部署。部署操作是一个原子操作，即“要么全部成功，要么什么都不做”（all-or-nothing）。

Pod 的定义和部署是通过声明式地使用一种 YAML 格式的清单文件来完成的，通常会使用诸如 Deployment 这样更高阶的 controller 来部署它们。用户可以使用 kubectl 命令来将清单文件 POST 到 API Server，它（清单文件）会被保存在集群存储中，并且被转换为 PodSpec，后者会被调度到集群中拥有足够资源的节点中。

在工作节点上接收 PodSpec 的进程是 kubelet。它是运行在集群中每个节点上的 Kubernetes 的代理。它负责根据 PodSpec 来拉取所有所需镜像并启动 Pod 中所有的容器。

如果只是在集群中部署一个独立的 Pod（不是通过 controller 部署的 Pod），如果 Pod 所在的节点宕机，那么这个 Pod 不会被调度到其他的节点上。因此，绝大多数情况下应该借助更高阶的 controller（Deployment 和 DaemonSet）来部署 Pod。它们能够提供诸如自愈和回滚等能够真正发挥出 Kubernetes 威力的特性。

第 5 章　Kubernetes Deployment

本章将介绍 Deployment 如何为 Kubernetes 带来自愈、扩缩容、滚动升级以及基于版本的回滚等能力。

本章将分为如下内容。

- Deployment 原理。
- 如何创建一个 Deployment。
- 如何进行滚动升级。
- 如何进行回滚。

5.1　Deployment 原理

这要从应用的源码说起。应用程序源码被编译打包为容器，并被装入一个 Pod 中在 Kubernetes 运行。不过，Pod 没有自愈能力，不能扩缩容，也不支持方便的升级和回滚。而 Deployment 可以。因此，建议绝大多数情况下采用 Deployment 来部署 Pod。

图 5.1 是 Deployment 管理 Pod 的示意图。

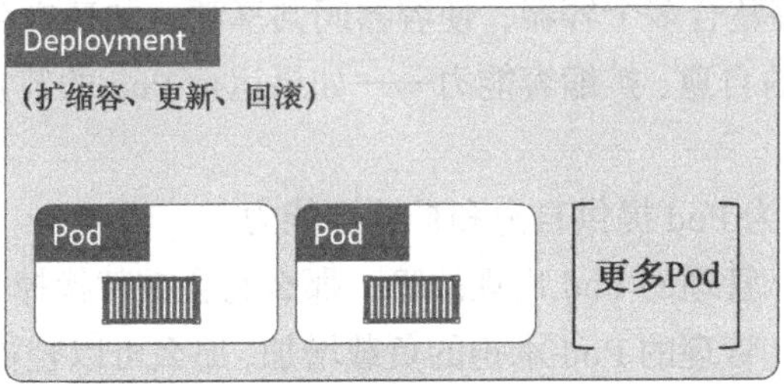

图 5.1

需要强调的是，一个 Deployment 对象只能管理一个 Pod 模板。例如，如果一个应用有两个 Pod 模板——前端（front-end）和目录服务（catalog service），那么就需要两个 Deployment。对于图 5.1 来说，则是一个管理 Web 服务的双 Pod 副本的 Deployment。

另一点需要指出的是，Deployment 是一种完全成熟的 Kubernetes API 对象。因此可以在清单文件中定义它，并 POST 到 API Server 端。

最后需要了解的是，Deployment 在底层利用了另一种名为 ReplicaSet 的对象。虽然并不建议直接操作 ReplicaSet，不过了解其关系是比较重要的。

总体来说，Deployment 使用 ReplicaSet 来提供自愈和扩缩容能力。

图 5.2 示意的是与图 5.1 相同的 Pod 和 Deployment，不过这次增加了对 ReplicaSet 的体现，以及各自分别提供什么特性。

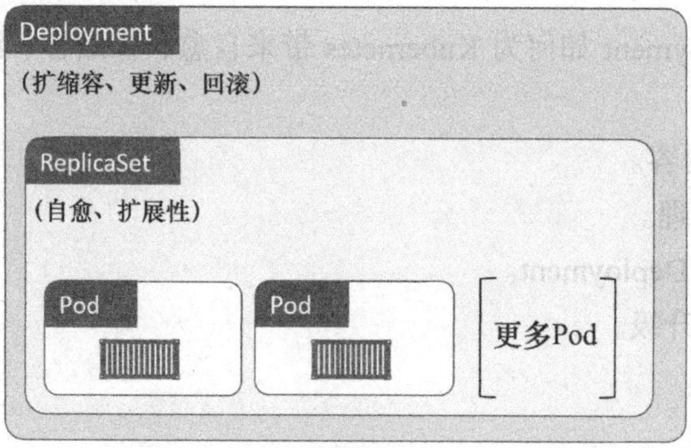

图 5.2

总之，可以理解为 Deployment 管理 ReplicaSet，ReplicaSet 管理 Pod。它们一起使 Kubernetes 能够出色地进行应用的部署和管理。

5.1.1 自愈和扩缩容

Pod 很好用，它能够整合多个容器，使容器间共享卷、共享内存，以及简化网络等。不过它无法提供任何形式的自愈、扩缩容能力——如果运行 Pod 的节点宕机，那么该 Pod 不会被再次启动。

而 Deployment 能够为 Pod 提供自愈和扩缩容能力。

- 如果 Deployment 管理的 Pod 出现故障，那么它会被替换掉——自愈。
- 如果 Deployment 管理的 Pod 承担的负载增加，那么可以轻松地扩展同样的 Pod 来处理负载——扩容。

不过请记住，Deployment 底层使用了一种名为 ReplicaSet 的对象来完成实际的自愈和扩缩容。然而，ReplicaSet 运行在后台，用户应该只与 Deployment 打交道。鉴于此，我们将主要关注 Deployment。

1. 围绕“状态”的管理

在深入介绍之前，先介绍 3 个对 Kubernetes 来说非常基础和重要的概念。

- 期望状态（desired state）。
- 当前状态（current state / actual state / observed state）。
- 声明式模型（declarative model）。

顾名思义，期望状态是希望达到的状态，当前状态是已经达到的状态。

声明式模型用于告诉 Kubernetes 什么是期望状态，而无须关心如何实现。让 Kubernetes 来操心如何实现的事情吧。

2. 声明式模型

首先探讨两种模型：声明式模型和命令式模型。

声明式模型只关注最终结果——告诉 Kubernetes 我们想要的什么。命令式模型则包含达成最终结果所需的一系列命令——告诉 Kubernetes 如何来实现。

以下两个简单的例子有助于理解。

- 声明式：我想要一个能够供 10 个人享用的巧克力蛋糕。
- 命令式：开车去商店；购买鸡蛋、牛奶、面粉、可可粉等；开车回家；打开烤箱；混合食材；放入烤盘；把烤盘放入烤箱待 30min；从烤箱中取出并关闭烤箱；加糖衣。

声明式模型描述我们想要什么（够 10 个人吃的巧克力蛋糕），而命令式模型则是烤制巧克力蛋糕所需的一长串步骤。

下面看一个更加实际的例子。

假设现在有一个应用，包含前端和后端两个服务。容器镜像已经构建完成，因此针对前后端服务有不同的 Pod。为了满足需求，需要 5 个前端 Pod 实例和 2 个后端 Pod 实例。

如果采用声明式方法，需要编写一个配置文件，用于告诉 Kubernetes 我们希望应用运行起来是什么样子。比如，我想要 5 个在 80 端口监听的前端 Pod 的副本，以及 2 个在 27017 端口监听的后端 Pod 的副本。这是期望的状态。显然使用 YAML 格式的配置文件的内容会不一样，不过相信读者能理解这一思路。

一旦定义好期望状态，就只需要把配置文件交给 Kubernetes，然后坐等 Kubernetes 来完成具体工作即可。

不过事情并未到此结束，Kubernetes 还会通过定时检测的机制来判断运行状态是否正常——当前状态是否与期望状态一致。

相信我，这是一件美妙的事情。

命令式模型与声明式模型有显著的不同。命令式模型中没有"期望状态"的概念，至少没有关于"期望状态"的记录，只有一系列指令清单。

更加糟糕的是，命令式指令可能有多个变种。例如，启动 `containerd` 容器的命令与启动 `gVisor` 容器的命令是不同的。这会导致更多的额外工作和不必要的错误。另外，由于没有声明一个期望状态，因此也就没有自愈功能。

相信我，这并不是一件美妙的事情。

Kubernetes 支持两种模型，不过更加青睐于声明式模型。

3. 调谐循环

期望状态能够实现的基础是底层调谐循环（reconciliation loop，也称作 control loop）的概念。

例如，ReplicaSet 的底层调谐循环能够定期检查集群中 Pod 的副本数是否达标。如果副本数不足，则增加；如果副本数过多，则销毁一些。

说得清楚一些，即 Kubernetes 会持续确保*当前状态*与*期望状态*保持一致。

如果不一致——也许期望状态是 10 个副本，但是只有 8 个在运行——Kubernetes 会发出红色警告，然后命令控制层进入"应急状态"，并再启动两个副本。最棒的一点在于——它会默默完成这一切，而不是在凌晨 4:20 叫醒读者！

不过并不限于故障场景，调谐循环也可用于扩缩容。

例如，如果读者 `POST` 一个更新的配置，将副本数从 3 调整为 5，则"5"就会被注册为该应用新的期望状态。当调谐循环的下一轮开始执行时，会注意到数值上的差异，并开启类似的调整操作——发布红色警告并再启动两个副本。

这真是一件美妙的事情。

5.1.2 使用 Deployment 进行滚动升级

除了自愈和扩缩容能力，Deployment 还使零停机滚动升级成为可能。

前面提到，Deployment 利用 ReplicaSet 来执行底层的一些"跑腿"的事情。事实上，每次创建一个 Deployment，都会自动生成一个管理 Pod 的 ReplicaSet。

注：最佳实践是，不要直接管理 ReplicaSet，而应仅与 Deployment 打交道，让 Deployment 自行管理 ReplicaSet。

滚动升级的过程是这样的：首先将应用中的每个独立的服务作为一个 Pod 来定义；然后为了方便起见——自愈、扩缩容、滚动升级等——将 Pod 包在 Deployment 中。因此在创建一个

YAML 配置文件的时候需要定义如下内容。

- 有多少个 Pod 副本。
- Pod 容器使用什么镜像。
- 使用哪个网络端口。
- 关于如何滚动升级的细节。

然后把 YAML 文件 `POST` 到 API Server，交给 Kubernetes 完成剩余的工作吧。

一旦全部运行起来，Kubernetes 就会启动定时监测，以确保监测到的状态和期望状态保持一致。

到目前为止一切都很不错。

现在假设某人遇到了一个 Bug，并且需要部署一个新的镜像来完成修复。因此，他修改了同一个 Deployment 的 YAML 文件，将镜像版本更新并重新 `POST` 到 API Server。这会在集群中注册新的期望状态，需要同样数量的 Pod，但全部都要运行新版的镜像。为了达到这一点，Kubernetes 基于新镜像的 Pod 创建了一个新的 ReplicaSet。此时就有两个 ReplicaSet 了：一个是包含基于旧版镜像的 Pod，一个是新版本的 Pod。每次 Kubernetes 增加新 ReplicaSet（新版镜像）中的 Pod 数量的时候，都会相应地减少旧 ReplicaSet（旧版镜像）中的 Pod 数量。从而，在零宕机的情况下实现了一种平滑的滚动升级。当然，以后的更新也都可以重复这一过程——只需要更新清单文件（应该保存在版本管理系统中）即可。

这太精妙了！

图 5.3 阐释了一个 Deployment 更新的过程。Deployment 在更新前创建的 ReplicaSet 位于左侧，更新后创建了右侧的 ReplicaSet。可以看到，更新前创建的 ReplicaSet 已经暂停，并不包含任何 Pod。更新后的 ReplicaSet 已经启动了所有 Pod。

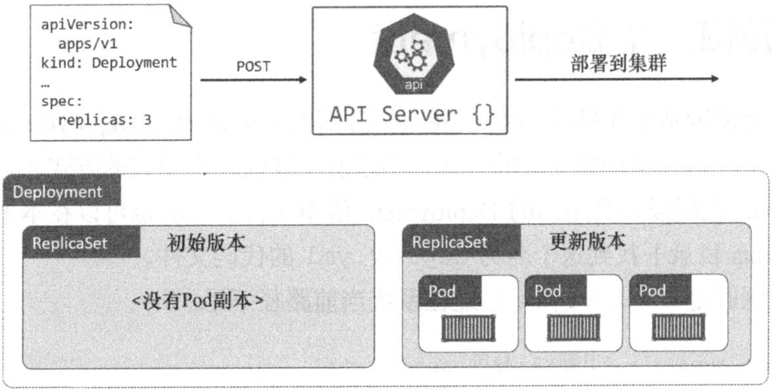

图 5.3

着重需要说明的是，旧版的 ReplicaSet 仍然有完整的配置信息，包括旧版的镜像。这一点对理解 5.1.3 节很重要。

5.1.3 回滚

如图 5.3 所示，旧版的 ReplicaSet 已经暂停并且不再管理任何 Pod。然而，仍然保留了所有的配置信息。这使回滚到前一版本成为可能。

回滚与滚动升级的过程正好相反：启用旧的 ReplicaSet，停用当前的 ReplicaSet。就是这么简单。

图 5.4 阐释了回滚的过程。

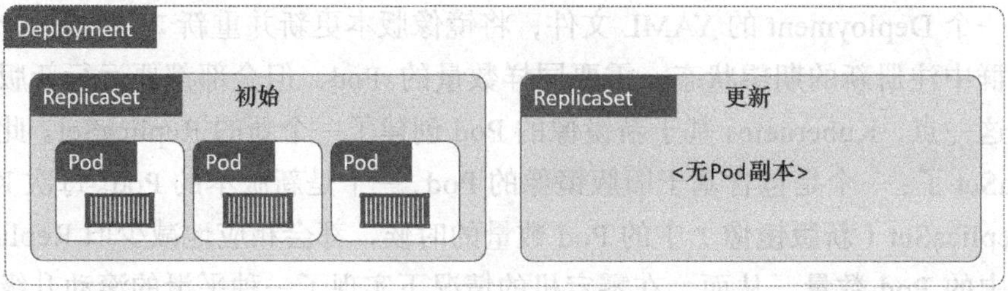

图 5.4

不过事情并非这么简单。Deployment 还能智能化地进行“每个 Pod 启动 *N* 秒后在启动下一个 Pod”这样的操作。此外，还有启动阶段的监测（startup probe）、就绪状态的监测（readiness probe），以及运行状态的监测（liveness probe）来监控 Pod 的健康状态。总之，Deployment 能够出色地完成滚动升级和回滚的任务。

光说不练假把式，下面来具体上手操作一下 Deployment。

5.2 如何创建一个 Deployment

本节将带领读者基于 YAML 文件创建一个全新的 Kubernetes Deployment。当然，也可以使用 `kubectl run` 这种命令式的方式，不过并不建议。声明式的方式才是正途。

以下 YAML 代码段是会用到的 Deployment 清单文件。读者也可以在本书的 GitHub 库中的 deployments 目录下找到这个名为 `deploy.yml` 的代码文件。

以下的示例假定 `deploy.yml` 已经在系统当前路径下了。

```
apiVersion: apps/v1  #旧版 K8s 使用 apps/v1beta1
kind: Deployment
metadata:
```

```
  name: hello-deploy
spec:
  replicas: 10
  selector:
    matchLabels:
      app: hello-world
  minReadySeconds: 10
  strategy:
    type: RollingUpdate
    rollingUpdate:
      maxUnavailable: 1
      maxSurge: 1
  template:
    metadata:
      labels:
        app: hello-world
    spec:
      containers:
      - name: hello-Pod
        image: nigelpoulton/k8sbook:latest
        ports:
        - containerPort: 8080
```

警告：本书中使用的镜像并未得到维护，可能隐含一些缺陷或安全问题。请谨慎使用。

下面逐行解释一下上述配置文件的内容。

第一行指定了所使用的 API 版本。假定读者使用的是最新版的 Kubernetes，则 Deployment 对象是位于 `apps/v1` 的 API 组中的。

`kind` 告诉 Kubernetes 现在定义的是一个 Deployment 对象。

`metadata` 部分定义 Deployment 的名字和标签。

`spec` 部分定义了绝大多数的参数。`spec` 下的内容都与 Pod 有关。

`spec.replicas` 告诉 Kubernetes 需要部署多少个 Pod 副本。`spec.selector` 表明 Deployment 要管理的 Pod 所必须具备的标签。`spec.strategy` 告诉 Kubernetes 如何执行更新操作。`spec.template` 下的内容定义了 Deployment 管理的 Pod 模板。这个例子中，Pod 模板只有一个容器。

使用 `kubectl apply` 来将该配置应用至集群。

注：kubectl apply 会将 YAML 文件 POST 到 Kubernetes 的 API Server（API 服务器端）。

```
$ kubectl apply -f deploy.yml
deployment.apps/hello-deploy created
```

这样该 Deployment 就已经在集群中被实例化了。

5.2.1 查看 Deployment

用户可以使用普通的 kubectl get 和 kubectl describe 命令来查看 Deployment 的具体信息。

```
$ kubectl get deploy hello-deploy
NAME          DESIRED   CURRENT  UP-TO-DATE  AVAILABLE   AGE
hello-deploy  10        10       10          10          24s

$ kubectl describe deploy hello-deploy
Name:          hello-deploy
Namespace:     default
Selector:      app=hello-world
Replicas:                10 desired | 10 updated | 10 total ...
StrategyType:            RollingUpdate
MinReadySeconds:         10
RollingUpdateStrategy:   1 max unavailable, 1 max surge
Pod Template:
  Labels:                app=hello-world
  Containers:
        hello-Pod:
          Image:         nigelpoulton/K8sbook:latest
          Port:          8080/TCP
<SNIP>
```

为了便于阅读，以上命令的输出做了裁剪。具体执行时会输出更多内容。

前面提到，Deployment 会自动创建相对应的 ReplicaSet。可使用如下的 kubectl 命令予以验证。

```
$ kubectl get rs
NAME                DESIRED  CURRENT  READY  AGE
hello-deploy-7bbd...  10       10       10     1m
```

现在只有一个 ReplicaSet。这是因为我们只执行了 Deployment 的初始部署。可以看到，ReplicaSet 的名称其实是 Deployment 的名称与一个 hash 值的拼接。这里的 hash 值是对 YAML 清单文件中 Pod 模板部分（`spec.template` 下的所有内容）的 hash。

更多关于 ReplicaSet 的信息可以使用 `kubectl describe` 查看。

5.2.2 访问该应用

为了经由一个固定的域名或 IP 地址来访问该应用，甚至从集群外部来访问它，我们需要 Kubernetes Service 对象。关于 Service 对象的具体内容将会在第 6 章探讨，不过现在只需要知道 Service 对象能够为这一组 Pod 提供一个固定的 DNS 域名或 IP 地址就够了。

以下的 YAML 定义了一个能够与前面部署的 Pod 副本协同的 Service。YAML 中包含了一个 `deployment` 字段。这个 YAML 文件就是本书 GitHub 库中的 `svc.yml`。

```
apiVersion: v1
kind: Service
metadata:
  name: hello-svc
  labels:
    app: hello-world
spec:
  type: NodePort
  ports:
  - port: 8080
    nodePort: 30001
    protocol: TCP
  selector:
    app: hello-world
```

执行如下命令来部署它（以下命令假设名为 `svc.yml` 的清单文件就位于当前目录下）。

```
$ kubectl apply -f svc.yml
Service/hello-svc created
```

现在 Service 已经部署好了，可以通过以下任一种方式来访问该应用。

1. 在集群内部，通过 DNS 名称 `hello-svc` 和端口 `8080` 访问。
2. 在集群外部，通过集群任一节点和端口号 `30001` 访问。

由图 5.5 可知 Service 可以从集群外部通过名为 `node1` 的节点和端口 `30001` 来访问。当然，假设 `node1` 是可解析的，并且端口号 `30001` 是被防火墙放行的。

图 5.5

如果读者使用的是 Minikube 环境，那么应该使用 Minikube 的 IP 地址和端口 `30001`。使用 `minikube ip` 命令来获取 Minikube 的 IP 地址。

5.3　执行滚动升级

本节我们将具体演示一下如何对刚刚部署的应用进行滚动升级。这里我们假设新版的应用已经被容器化为 Docker 镜像，其 tag 是 `edge`。那么接下来要做的就是使用 Kubernetes 将新版的应用部署上线。本例中，我们忽略实际环境中的 CI/CD 流水线和版本控制工具。

第一件事就是更新 Deployment 清单文件中的镜像的 tag。起初版本的应用使用的是 tag 为 `nigelpoulton/k8sbook:latest` 的镜像。现在要将 Deployment 清单文件中 `spec.template.spec.containers` 的内容改为新的 `nigelpoulton/k8sbook:edge` 镜像。那么当下次该文件被 POST 到 API Server 的时候，Deployment 的所有 Pod 都会被新的 `edge` 版镜像替换。

以下就是更新之后的 `deploy.yml` 清单文件，唯一有改动的地方就是追加注释的 `spec.template.spec.containers.image` 一行。

```
apiVersion: apps/v1
kind: Deployment
metadata:
  name: hello-deploy
spec:
  replicas: 10
  selector:
```

```
    matchLabels:
      app: hello-world
  minReadySeconds: 10
  strategy:
    type: RollingUpdate
    rollingUpdate:
      maxUnavailable: 1
      maxSurge: 1
  template:
    metadata:
      labels:
        app: hello-world
    spec:
      containers:
      - name: hello-Pod
        image: nigelpoulton/k8sbook:edge # 这一行修改了
        ports:
        - containerPort: 8080
```

在将更新的配置文件 POST 到 Kubernetes 之前，我们先看一下关于更新操作如何执行的部分的设置。

关于更新操作如何执行的设置位于 spec 部分。首先需要注意的是 spec.minReadySeconds，它的值被设置为 10，也就是告诉 Kubernetes 每个 Pod 的更新动作之间间隔 10s。这有助于调节更新操作的节奏：如果预留更长的时间，就能让运维人员从容地进行跟踪检查，以避免若一次性全部更新所有 Pod 时由于出现失误而导致问题产生的风险。

spec.strategy 部分的内容告诉 Kubernetes。

- 使用 RollingUpdate 策略来进行更新。
- 不允许出现比期望状态指定的 Pod 数量少超过一个的情况（maxUnavailable: 1）。
- 不允许出现比期望状态指定的 Pod 数量多超过一个的情况（maxSure: 1）。

在本例中，期望状态是 Pod 数量为 10 个副本，那么 maxSure: 1 的意思是在更新过程中，Pod 数量不能超过 11 个，而 maxUnavailable: 1 的意思是不能少于 9 个。导致的结果就是，在滚动更新的过程中，最多只能同时更新两个 Pod（11 减 9）。

修改好清单文件之后，就可以再次将新的 YAML 文件 POST 到 API Server。

```
$ kubectl apply -f deploy.yml --record
deployment.apps/hello-deploy configured
```

更新操作需要一定的时间来完成。这是由于每次只能更新两个 Pod：首先将新的镜像从相应的节点上 pull 下来，启动新的 Pod，然后等待 10s 才能再更新之后的两个 Pod。

更新的过程可以通过执行 kubectl rollout status 来查看。

```
$ kubectl rollout status deployment hello-deploy
Waiting for rollout to finish: 4 out of 10 new replicas...
Waiting for rollout to finish: 4 out of 10 new replicas...
Waiting for rollout to finish: 5 out of 10 new replicas...
^C
```

使用组合键 Ctrl+C 来停止以上命令，然后在更新完成之前执行 kubectl get deploy 命令。可以看到在清单文件中设置的更新策略是如何起作用的。例如，从以下命令的输出中可以看到，有 5 个副本已经被更新，当前一共有 11 个 Pod（这比期望状态的 10 个多出 1 个），这是被清单文件中的 maxSurge=1 控制的。

```
$ kubectl get deploy
NAME           DESIRED  CURRENT  UP-TO-DATE  AVAILABLE  AGE
hello-deploy   10       11       5           9          28m
```

当更新完成之后，再次执行 kubectl get deploy。

```
$ kubectl get deploy hello-deploy
NAME          DESIRED  CURRENT  UP-TO-DATE  AVAILABLE  AGE
hello-deploy  10       10       10          10         39m
```

可见更新操作已经完成——10 个 Pod 都是最新版本（up to date）。

执行 kubectl describe deploy 命令可以查看关于 Deployment 的更多信息，包括在 Pod Template 部分显示的镜像的新版本。

这时可以刷新一下浏览器页面，然后查看应用更新之后的样子（见图 5.6）。旧版的应用显示的是“Kubernetes Rocks!”，而新版显示的是“The Kubernetes Book!!!”。

图 5.6

5.4 执行回滚操作

刚才，我们使用 kubectl apply 命令进行了 Deployment 的升级。由于当时使用了--record 参数，因此 Kubernetes 会维护该 Deployment 的版本历史记录。如下，执行 kubectl rollout history 命令可以显示 Deployment 的两个版本。

```
$ kubectl rollout history deployment hello-deploy
deployment.apps/hello-deploy
REVISION  CHANGE-CAUSE
1         <none>
2         kubectl apply --filename=deploy.yml --record=true
```

版本 1 是起初使用 tag 为 latest 的镜像的 Deployment。版本 2 是刚刚滚动升级之后的版本，而执行更新操作的命令被记录下来。

这是命令中添加了--record 参数的缘故，由此看来添加--record 参数是个不错的主意。

本章之初说过，更新一个 Deployment 会创建一个新的 ReplicaSet，并且更新前的 ReplicaSet 并不会被删除。可以通过 kubectl get rs 查看。

```
$ kubectl get rs
NAME                 DESIRED  CURRENT  READY  AGE
hello-deploy-6bc8... 10       10       10     10m
hello-deploy-7bbd... 0        0         0     52m
```

从输出中可以看出，初始版本的 ReplicaSet 还在（hello-deploy-7bbd...），但是它已经不再管理任何 Pod 副本了。名为 hello-deploy-6bc8...的 ReplicaSet 是当前活跃的最新版本，并且管理着 10 个 Pod 副本。不过，就是由于前一版本 ReplicaSet 的存在，使回滚操作变得非常简单。

此时可以通过对旧的 ReplicaSet 执行 kubectl describe rs 命令来确定其配置依然是存在于系统中的。

下面的示例使用 kubectl rollout 命令将应用回滚到版本 1。这是一个命令式的操作，并不提倡。不过，为了快速操作这种方式显然更加方便，只是别忘了更新一下 YAML 文件，以便跟集群的现状对应起来。

```
$ kubectl rollout undo deployment hello-deploy --to-revision=1
deployment.apps "hello-deploy" rolled back
```

虽然看上去回滚操作立马生效了，不过事实并非如此。回滚的过程仍然遵循与滚动升级操作相同的规则，即 Deployment 清单文件中的 `minReadySeconds: 10, maxUnavailable: 1` 和 `maxSurge: 1`。具体可以通过的 `kubectl get deploy` 和 `kubectl rollout` 两个命令来验证。

```
$ kubectl get deploy hello-deploy
NAME          DESIRED  CURRNET  UP-TO-DATE  AVAILABE  AGE
hello-deploy  10       11       4           9         45m

$ kubectl rollout status deployment hello-deploy
Waiting for rollout to finish: 6 out of 10 new replicas have been updated...
Waiting for rollout to finish: 7 out of 10 new replicas have been updated...
Waiting for rollout to finish: 8 out of 10 new replicas have been updated...
Waiting for rollout to finish: 1 old replicas are pending termination...
Waiting for rollout to finish: 9 of 10 updated replicas are available...
^C
```

恭喜！相信读者已经成功完成了一次滚动升级和回滚操作。

使用 `kubectl delete -f deploy.yml` 和 `kubectl delete -f svc.yml` 命令可以删除前面例子中部署的 Deployment 和 Service。

最后提醒一点，刚刚执行的回滚操作是一个命令式的指令。也就是说集群的当前状态和 YAML 文件是不符的：最新版本的 YAML 文件使用的是 `edge` 镜像，而集群中的 Pod 已经回滚至 `latest` 镜像。这是命令式的方式的问题所在。在实际操作中，执行这样的回滚操作之后，应当手动更新 YAML 文件，以便正确反映回滚操作带来的变化。

5.5 总结

本章为读者介绍了 Deployment，它是一种管理 Kubernetes 应用的很好的方式。它在 Pod 的基础之上增加了自愈、扩缩容、滚动升级和回滚的能力。而其底层则利用 ReplicaSet 来实现自愈和扩缩容的能力。

同 Pod 一样，Deployment 也是 Kubernetes API 中的对象，用户应当以一种声明式的方式来使用它。

当使用 `kubectl apply` 来执行升级操作时，旧版本的 ReplicaSet 转为非活跃状态，但它仍存在于集群中，以便执行回滚操作。

第 6 章　Kubernetes Service

在前面的章节中，我们了解了一些被用来部署和运行应用的 Kubernetes 对象。其中 Pod 是最基本的用来部署微服务应用的单元，而 Deployment 增加了诸如扩缩容、自愈和滚动升级等特性。不过尽管 Deployment 有种种优点，仍有一点问题未解决——毕竟我们不能仅仅依靠各 Pod 的 IP 来访问它们。这时候就需要 Kubernetes 的 Service 对象出马了——它能够为一组动态的 Pod 提供稳定可靠的网络管理能力。

本章将从以下几个部分来展开。

- 要点前瞻。
- 原理。
- 实战。
- 实例。

6.1　要点前瞻

在详细介绍之前，我们需要明确的是，Pod 的 IP 地址是不可靠的。在某个 Pod 失效之后，它会被一个拥有新的 IP 的 Pod 代替。Deployment 扩容也会引入拥有新 IP 的 Pod；而缩容则会删除 Pod。这会导致大量的 IP 流失，因而 Pod 的 IP 地址是不可靠的。

关于 Kubernetes Service 有 3 点请读者注意。

首先，明确一下术语。本书中以大写字母出现的 Service，指的是 Kubernetes 中用来为 Pod 提供稳定的网络服务的 Service 对象。就像 Pod、ReplicaSet 或 Deployment，一个 Kubernetes Service 是指我们在部署文件中定义的 API 中的一个 REST 对象，最终需要 POST 到 API Server。

其次，每一个 Service 都拥有固定的 IP 地址、固定的 DNS 名称，以及固定的端口。

最后，Service 利用 Label 来动态选择将流量转发至哪些 Pod。

6.2 原理

图 6.1 所示为通过 Kubernetes Deployment 部署的一个简单的基于 Pod 的应用。可以看到客户端（也可能是应用的其他组件）无法通过一个可靠的网络端口来访问 Pod。请记住，直接与独立的 Pod 进行通信是不明智的，因为这些 Pod 可能在进行扩容、升级、回滚或发生故障等过程中失效。

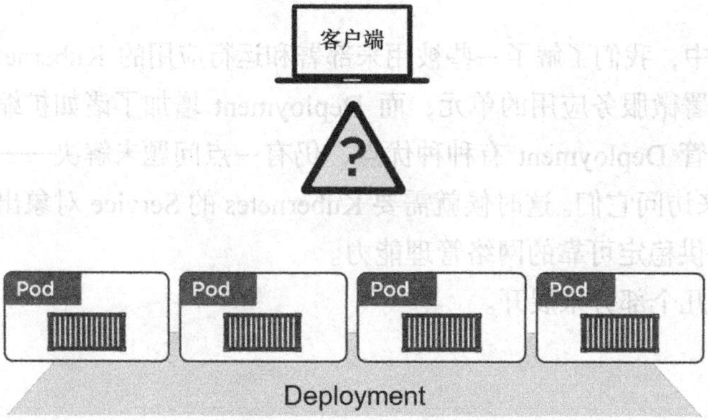

图 6.1

图 6.2 所示为同样的一个应用，不过其中增加了一个 Service。这个 Service 可以将各个 Pod 与客户端一侧，通过固定的 IP、DNS 和端口连接起来。同时还可以对请求进行负载均衡。

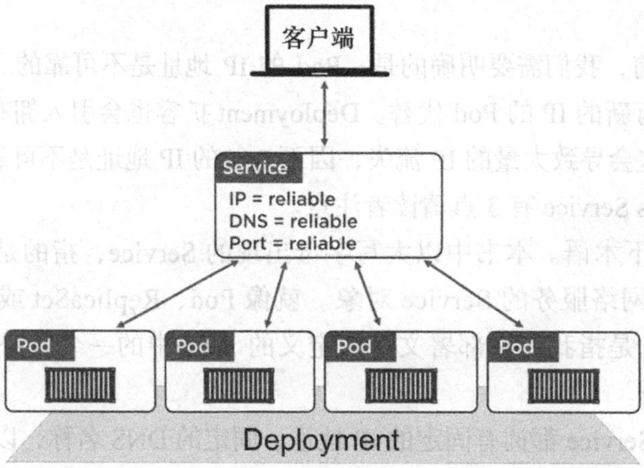

图 6.2

由于 Service 的存在，这些 Pod 可以扩容或缩容，可以出现故障，也可以进行更新或回滚。当这些操作发生的时候，前方的 Service 能够监测到这些变化，并且更新其关联的健康 Pod 的列表。同时，可以保持 IP、DNS 和暴露的端口是固定不变的。

我们可以将 Service 理解为具有固定的前端和动态的后端的中间层。所谓前端，主要由 IP、DNS 名称和端口组成，始终不变；而后端，则主要由一系列的 Pod 构成，会时常发生变化。

6.2.1 Label 与松耦合

Service 与 Pod 之间是通过 Label 和 Label 筛选器（selector）松耦合在一起的。Deployment 和 Pod 之间也是通过这种方式进行关联的，这种松耦合方式是 Kubernetes 具备足够的灵活性的关键。正如图 6.3 的例子所示，Service 的 Label 筛选器可以匹配到 3 个拥有 `zone=prod` 和 `version=1` 的 Pod。

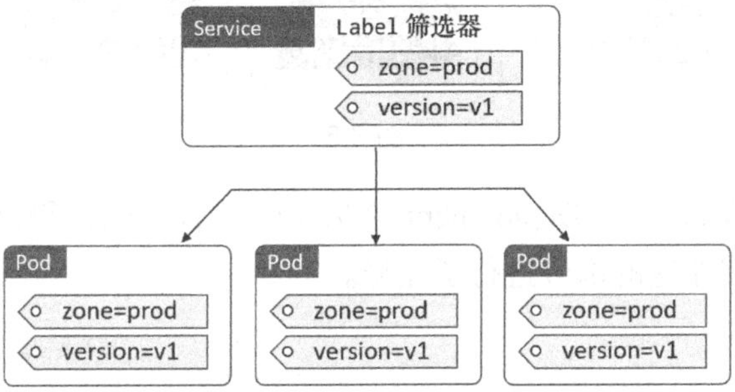

图 6.3

对于图 6.3 的例子来说，Service 为这 3 个 Pod 提供了稳定的网络连接方式：到达 Service 的请求会被转发到各个 Pod，Service 能够提供简单的负载均衡功能。

对于 Service 与 Pod 的关联关系来说，所有匹配的 Pod 必须拥有 Service Label 筛选器中定义的所有 Label。当然，所匹配的 Pod 也可以拥有其他不在 Service Label 筛选器中的 Label。图 6.4 和图 6.5 可以帮助读者理解这句话。

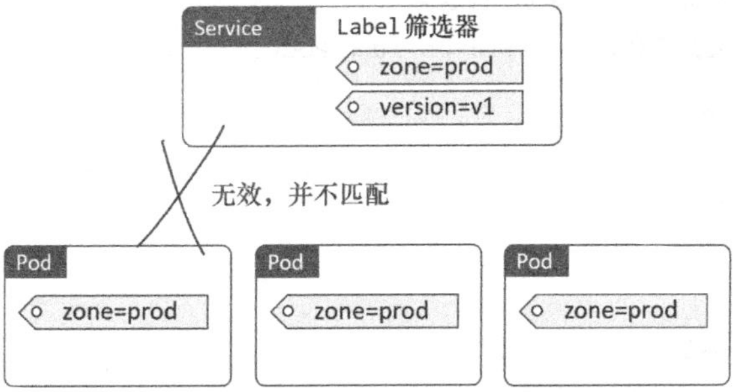

图 6.4

由图 6.4 的例子可见，Service 并未匹配到任何一个 Pod。这是因为 Service 需要的是拥有两个 Label 的 Pod，而这些 Pod 却仅有一个 Label。这里的逻辑是“与”的关系。

而图 6.5 的例子是有效的。因为各个 Pod 都有 Service 需要的两个 Label，Service 并不关心其他额外的 Label。这里最重要的是，被匹配的 Pod 要拥有 Service 所查找的所有 Label。

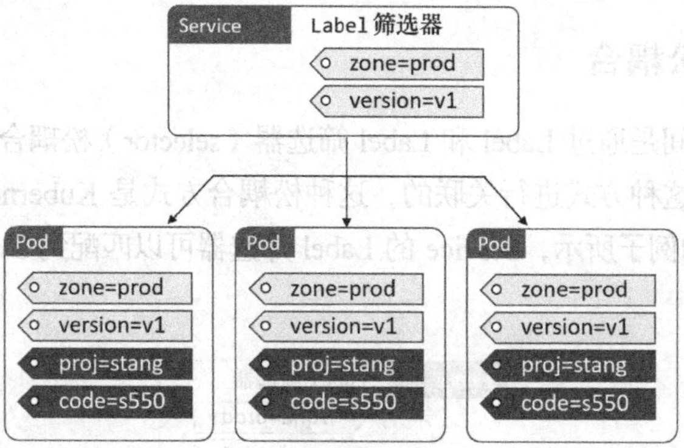

图 6.5

下面是分别来自 Service 和 Deployment 的 YAML 文件中的代码，阐释了 Label 及其筛选器是如何实现的。我在相应的部分进行了注释。

svc.yml 代码如下。

```
apiVersion: v1
kind: Service
metadata:
  name: hello-svc
spec:
  ports:
  - port: 8080
  selector:
    app: hello-world    # Label 筛选器
    # Service 正在查找带有 app=hello-world 的 Pod
```

deploy.yml 代码如下。

```
apiVersion: apps/v1
kind: Deployment
metadata:
  name: hello-deploy
spec:
  replicas: 10
```

```
  selector:
    matchLabels:
      app: hello-world
  template:
    metadata:
      labels:
        app: hello-world    # Pod 的 Label
        # 这个 Label 与 Service 的 Label 筛选器是匹配的
    spec:
      containers:
      - name: hello-ctr
        image: nigelpoulton/k8sbook:latest
        ports:
        - containerPort: 8080
```

在上面的例子中，Service 有一个 Label 筛选器（`spec.selector`），它包含一个值：`app=hello-world`。这就是 Service 在集群中查找所匹配的 Pod 时所用的 Label。Deployment 在定义 Pod 模板的时候使用了相同的（`app=hello-world`）Label（`spec.template.metadata.labels`）。这就意味着该 Deployment 所部署的所有 Pod 都拥有这个 `app=hello-world` 的 Label。正是这两个属性将 Service 和 Deployment 的 Pod 联系在一起。

在 Deployment 和 Service 部署之后，Service 会匹配到全部的 10 个 Pod 副本，并为它们提供一个固定的网络端口，以及对流量的负载均衡。

6.2.2 Service 和 Endpoint 对象

随着 Pod 的时常进出（扩容和缩容、故障、滚动升级等），Service 会动态更新其维护的相匹配的健康 Pod 列表。具体来说，其中的匹配关系是通过 Label 筛选器和名为 Endpoint 对象的结构共同完成的。

每一个 Service 在被创建的时候，都会得到一个关联的 Endpoint 对象。整个 Endpoint 对象其实就是一个动态的列表，其中包含集群中所有的匹配 Service Label 筛选器的健康 Pod。

Kubernetes 会不断地检查 Service 的 Label 筛选器和当前集群中健康 Pod 的列表。如果有新的能够匹配 Label 筛选器的 Pod 出现，它就会被加入 Endpoint 对象，而消失的 Pod 则会被剔除。也就是说，Endpoint 对象始终是保持更新的。这时，当 Service 需要将流量转发到 Pod 的时候，就会到 Endpoint 对象中最新的 Pod 的列表中进行查找。

当要通过 Service 转发流量到 Pod 时，通常会先在集群的内部 DNS 中查询 Service 的 IP

地址。流量被发送到该 IP 地址后，会被 Service 转发到其中一个 Pod。不过，Kubernetes 原生应用（知悉 Kubernetes 集群并且能够访问 Kubernetes API 的应用）是可以直接查询 Endpoint API，而无须查找 DNS 和使用 Service IP 的。

以上就是关于 Service 如何工作的基本介绍。下面介绍几个具体场景。

6.2.3 从集群内部访问 Service

Kubernetes 支持几种不同类型的 Service。默认类型是 ClusterIP。

ClusterIP Service 拥有固定的 IP 地址和端口号，并且仅能够从集群内部访问得到。这一点被内部网络所实现，并且能够确保在 Service 的整个生命周期中是固定不变的。所谓"被内部网络所实现"，意思是集群网络能够知道，而用户不需要关系具体细节（类似于底层的 IPTABLES 和 IPVS 规则等）。

总之，ClusterIP 与对应的 Service 名称一起被注册在集群内部的 DNS 服务中。集群中的所有 Pod 都"知道"集群的 DNS 服务，故而所有的 Pod 都能够解析 Service 名称。

下面通过一个简单的例子来阐释。

假设我们创建了一个新的名为"magic-sandbox"的 Service，那么就会触发以下动作。Kubernetes 会将 Service 的名字"magic-sandbox"和 ClusterIP 及端口一起注册列集群的 DNS 服务中。这个名字、ClusterIP 和端口号被确保长期不变，集群中所有的 Pod 都可以发送"服务发现请求"（Service discovery request）到内部 DNS，并完成从"magic-sandbox"到 ClusterIP 的解析。集群中的 IPTABLES 或 IPVS 规则将确保发送至 ClusterIP 的流量被正确路由至相应的 Pod。

总而言之，只要 Pod（应用的微服务）知道 Service 的名称，就能够解析对应的 ClusterIP，进而连接到所需的 Pod。

由于需要访问集群的 DNS 服务，因此只对 Pod 和集群中的其他对象奏效。对于集群之外的解析则无能为力。

6.2.4 从集群外部访问 Service

Kubernetes 的另一种类型的 Service 叫作 NodePort Service。它在 ClusterIP 的基础上增加了从集群外部访问的可能。

前面说到 ClusterIP 是默认的 Service 类型，并且它会在集群 DNS 中注册一个 DNS 名称、一个虚拟 IP 和端口号。而 NodePort Service 在此基础上增加了另一个端口，这个用来从集群外部访问到 Service 的端口叫作 NodePort。

以下的例子表示一个 NodePort Service。

- Name:magic-sandbox。
- ClusterIP:172.12.5.17。
- port:8080。
- NodePort:30050。

从集群内部，可以通过前 3 个值（Name、ClusterIP、port）来直接访问这个名为 magic-sandbox 的服务。此外，也可以从集群外部，通过发送请求到集群中的任何一个节点的 IP 上的端口 30050 来访问它。

技术栈的最下一层就是运行 Pod 的集群节点。在使用 Label 将 Service 和 Pod 关联起来之后，该 Service 对象有一个可靠的 NodePort 与集群中的每一个节点映射：NodePort 的值在每一个节点上都是相同的。这意味着，从集群外部，到达集群中的任何一个节点的 NodePort 的流量都可以直接到达应用（Pod）。

如图 6.6 所示，3 个 Pod 经由 NodePort Service 通过每个节点上的端口 30050 对外提供服务。第①步，来自一个外部客户端的请求到达 Node2 的 30050 端口。第②步，请求被转发至 Service 对象（即使 Node2 上压根没有运行该 Service 关联的 Pod）。第③步，与该 Service 对应的 Endpoint 对象维护了实时更新的与 Label 筛选器匹配的 Pod 列表。第④步，请求被转发至 Node1 上的 Pod1。

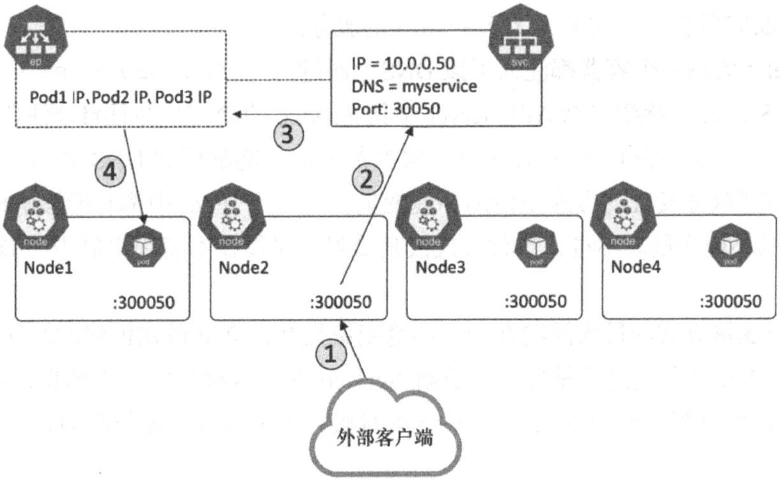

图 6.6

Service 也可能将请求转发至 Pod2 或 Pod3。事实上，由于 Service 会提供基础的负载均衡能力，因此后续的请求可能就会被转发至其他 Pod。

Kubernetes 还有其他类型的 Service，比如 LoadBalancer 和 ExternalName。

LoadBalancer Service 能够与诸如 AWS、Azure、DO、IBM 云和 GCP 等云服务商提供的

负载均衡服务集成。它基于 NodePort Service（它又基于 ClusterIP Service）实现，并在此基础上允许互联网上的客户端能够通过云平台的负载均衡服务到达 Pod。它非常易于设置和使用，不过只能在受支持的云平台上的 Kubernetes 集群中才能生效。比如，我们不能让运行在 Microsoft Azure 云上的 Kubernetes 集群利用 AWS 上才有的 ELB 负载均衡服务。

ExternalName Service 能够将流量路由至 Kubernetes 集群之外的系统中去（所有其他类型的 Service 都是在集群内部进行流量的路由）。

6.2.5 服务发现

Kubernetes 通过以下方式来实现服务发现（Service discovery）。

- DNS（推荐）。
- 环境变量（绝对不推荐）。

基于 DNS 的服务发现需要 DNS 集群插件（cluster-add-on）——它其实就是 Kubernetes 的 DNS 原生服务的另一种说法。我似乎不记得有任何 Service 是没有用到它的，如果是按照本书第 3 章的方法来安装的集群，那么读者就已经拥有该服务了。在其内部实现了以下功能。

- 运行 DNS 服务的控制层 Pod。
- 一个面向所有 Pod 的名为 `kube-dns` 的服务。
- Kubelet 为每一个容器都注入了该 DNS（通过`/etc/resolv.conf`）。

这个 DNS 插件会持续监测 API Server 中新 Service 的动向，并且自动注册到 DNS 中。因此，每一个 Service 都有一个可以在整个集群范围内都能解析的 DNS 名称。

另一种实现服务发现的方式是借助环境变量。每一个 Pod 中都有能够解析集群中所有 Service 的一组环境变量。不过，这种方式极其受限，仅仅在不使用集群中的 DNS 服务时才会被考虑。

关于环境变量方式的最大问题在于，环境变量只有在 Pod 最初创建的时候才会被注入。这就意味着，Pod 在创建之后是并不知道新 Service 的。这种方式并不理想，也因此更加推荐 DNS 方式。况且当集群中有大量 Service 的时候，这种方式也比较吃力。

6.2.6 小结

Service 的核心作用就是为 Pod 提供稳定的网络连接。除此之外，还提供负载均衡和从集群外部访问 Pod 的途径。

Service 对外提供固定的 IP、DNS 名称和端口，并确保这些信息在 Service 的整个生命周期中是不变的。Service 对内则使用 Label 来将流量均衡转发至应用的各个（通常是动态变化的）Pod 中。

6.3 Service 实战

下面我们通过上手操作来验证一下 6.2 节介绍的原理。

我们会与一个简单的单 Pod 应用增加一个 Kubernetes Service，包括两种方式。

- 命令式（不推荐）。
- 声明式。

6.3.1 命令式

注意！命令式并非 Kubernetes 的推荐方式。因为这种方式会引入由于命令式操作所带来的变化没有随即更新到声明式的部署文件中，而导致出现不一致的风险。尤其是，当未更新的部署文件被再次拿来进行部署操作的时候，会不经意间覆盖命令式操作所作出的改动。

首先使用 `kubectl` 来声明式地部署以下的 Deployment（后续的步骤会采用命令式）。

以下所示的名为 `deploy.yml` 的 YAML 文件可以在本书 GitHub 代码库中的 `Services` 目录下找到。

```
apiVersion: apps/v1
kind: Deployment
metadata:
  name: web-deploy
spec:
  replicas: 10
  selector:
    matchLabels:
      app: hello-world
  template:
    metadata:
      labels:
        app: hello-world
    spec:
      containers:
      - name: hello-ctr
        image: nigelpoulton/k8sbook:latest
        ports:
```

```
            - containerPort: 8080

$ kubectl apply -f deploy.yml
deployment.apps/web-deploy created
```

现在 Deployment 已经运行起来了，下面改用命令式的方法为它部署一个 Service。

命令式创建 Kubernetes Service 的命令是 `kubectl expose`。执行以下命令来创建一个新的 Service，它能够为上面部署的 Pod 提供网络和负载均衡。

```
$ kubectl expose deployment web-deploy \
  --name=hello-svc \
  --target-port=8080 \
  --type=NodePort

Service/hello-svc exposed
```

这里解释一下以上命令做了什么。`kubectl expose` 命令用来创建一个新的 Service 对象。`deployment web-deploy` 是告诉 Kubernetes 要对外提供服务的是前面创建的名为 `web-deploy` 的 Deployment 对象。`--name=hello-svc` 为 Service 指定名字 `hello-svc`，`--target-port=8080` 则用来执行要监听的端口（这不是用来访问 Service 的 NodePort）。最后，`--type=NodePort` 告诉 Kubernetes 我们需要一个集群范围的 Service 端口。

一旦 Service 被创建，我们就可以用 `kubectl describe svc hello-svc` 命令来查看它了。

```
$ kubectl describe svc hello-svc
Name:                     hello-svc
Namespace:                default
Labels:                   <none>
Annotations:              <none>
Selector:                 app=hello-world
Type:                     NodePort
IP:                       192.168.201.116
Port:                     <unset>  8080/TCP
TargetPort:               8080/TCP
NodePort:                 <unset>  30175/TCP
Endpoints:                192.168.128.13:8080,192.168.128.249:8080, + more...
Session Affinity:         None
External Traffic Policy:  Cluster
Events:                   <none>
```

输出的内容中有些值得注意的值。

- `Selector` 是 Service 的 Label 筛选器中定义的一系列 Label。
- `IP` 是 Service 的终身内部 ClusterIP（VIP）。
- `Port` 是 Service 在集群内部监听的端口。
- `TargetPort` 是应用正在监听的端口。
- `NodePort` 是可在集群外部访问该 Service 的端口。
- `Endpoints` 是当前能够匹配该 Service 的 Label 筛选器的所有健康 Pod 的 IP 的动态列表。

可见，该 Service 从集群外可访问的端口是 30175，此时可以打开浏览器来访问应用了。不过，必须知道集群中至少一个节点的 IP 地址，如果是通过互联网提供服务，那么就需要一个可以在公网路由到的 IP。

图 6.7 所示的界面是通过 IP 地址 54.246.255.52 和端口 30175 来访问得到的。

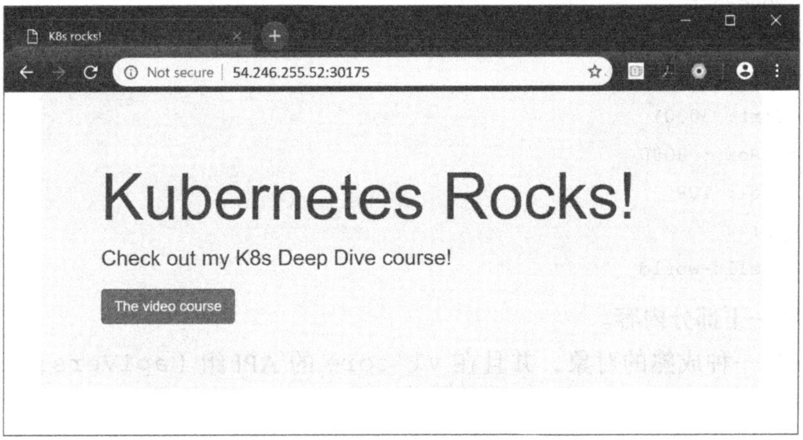

图 6.7

刚刚部署的是一个简单的 Web 应用。它被构建为监听 8080 端口，不过通过我们的配置，Kubernetes 的 Service 可以将集群中每一个节点的 30175 端口映射至应用的 8080 端口。默认情况下，集群范围的端口（NodePort）是介于 30000～32767 之间的。上面的例子是其自动分配的，我们也可以指定一个端口号。

下面将要介绍的是如何用一种更适合的方式——声明式——来达到同样的效果。在此之前，我们先将刚刚创建的 Service 删除掉。执行 `kubectl delete svc` 命令即可。

```
$ kubectl delete svc hello-svc
Service "hello-svc" deleted
```

6.3.2 声明式

下面要介绍的是 Kubernetes 推荐的更加合适的方式。

1. Service 部署文件

以下 Service 部署文件可以用来部署与前面相同的 Service。不过这次我们会明确指定系统范围的端口。

```
apiVersion: v1
kind: Service
metadata:
  name: hello-svc
spec:
  type: NodePort
  ports:
  - port: 8080
    nodePort: 30001
    targetPort: 8080
    protocol: TCP
  selector:
    app: hello-world
```

下面解释一下部分内容。

Service 是一种成熟的对象，并且在 `v1 core` 的 API 组（`apiVersion`）中被完整定义。

`kind` 用来告诉 Kubernetes 这是一个 Service 的对象。

`metadata` 部分定义了 Service 的名称。当然，也可以指定 Label，这里增加的 Label 可以被用来识别 Service，而不是用来筛选 Pod 的。

`spec` 是真正用来定义 Service 的部分。比如上面的例子，会让 Kubernetes 来部署一个 `NodePort` 的 Service。`port` 的值表示 Service 对内部请求监听 `8080` 端口，而 `nodePort` 的值表示对外部请求监听 `30001` 端口。`targetPort` 的值则是 Service 后端应用的端口，用来让 Kubernetes 将流量转发至 Pod 的 `8080` 端口。另外，还指定了所使用的协议为 `TCP`（默认值）。

最后，`spec.selector` 表示 Service 会将流量转发至集群中拥有 `app=hello-world` 的 Label 的 Pod。也就是说该 Service 会为拥有这个 Label 的所有 Pod 提供稳定的网络访问方式。

在开始部署和测试这个 Service 之前，我们再次回顾一下几个主要的 Service 类型。

2. 常见的 Service 类型

Kubernetes 有 3 个常用的 Service 类型。

- ClusterIP。这是默认的类型，这种 Service 面向集群内部有固定的 IP 地址。但是在集群外是不可访问的。
- NodePort。它在 ClusterIP 的基础之上增加了一个集群范围的 TCP 或 UDP 的端口，从而使 Service 可以从集群外部访问。
- LoadBalancer。这种 Service 基于 NodePort，并且集成了基于云的负载均衡器。

还有一种名为 ExternalName 的 Service 类型，可以用来将流量直接导入 Kubernetes 集群外部的服务。

前面的配置文件需要被 POST 到 API Server。最简单的方式当然是 kubectl apply。这个名为 svc.yml 的 YAML 文件可以在本书 GitHub 库的 Services 目录下找到。

```
$ kubectl apply -f svc.yml
Service/hello-svc created
```

3. 查看 Service

部署 Service 之后，我们可以通过 kubectl get 和 kubectl describe 命令来查看它。

```
$ kubectl get svc hello-svc
NAME        TYPE       CLUSTER-IP    EXTERNAL-IP   PORT(S)          AGE
hello-svc   NodePort   100.70.40.2   <none>        8080:30001/TCP   8s

$ kubectl describe svc hello-svc
Name:                    hello-svc
Namespace:               default
Labels:                  <none>
Annotations:             kubectl.kubernetes.io/last-applied-configuration...
Selector:                app=hello-world
Type:                    NodePort
IP:                      100.70.40.2
Port:                    <unset>  8080/TCP
TargetPort:              8080/TCP
NodePort:                <unset>  30001/TCP
```

```
Endpoints:                100.96.1.10:8080, 100.96.1.11:8080, + more...
Session Affinity:         None
External Traffic Policy:  Cluster
Events:                   <none>
```

在上例中，我们将 Service 作为一个 NodePort 暴露在整个集群的 30001 端口。从而可以通过浏览器输入任意一个节点的 IP 以及端口 30001 来访问该 Service，及其代理的 Pod。当然，我们要确保所连接的节点的 IP 是可达的，并且防火墙和其他安全规则是放开的。

如图 6.8 所示，浏览器通过节点 IP 地址 54.246.255.52 和端口 30001 即可访问该应用。

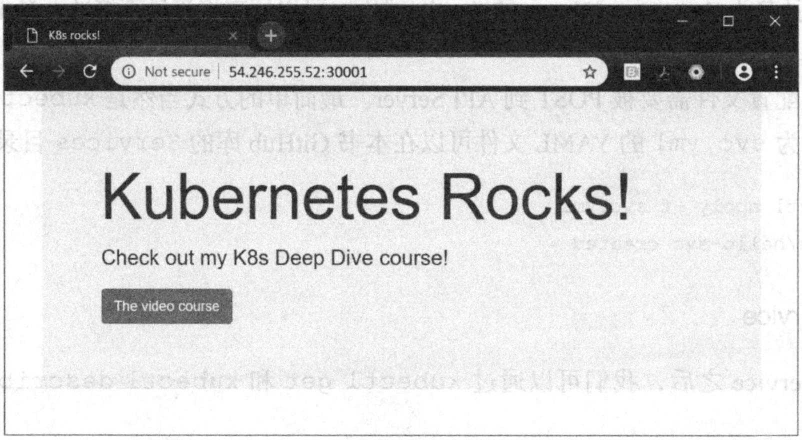

图 6.8

4. Endpoint 对象

本章前面提到，每一个 Service 都有一个与其同名的 Endpoint 对象。这个对象维护着所有与该 Service 匹配的动态的 Pod 列表。使用 kubectl 命令就可以查看其 Endpoint。

以下命令中的 ep 为 Endpoint 的缩写。

```
$ kubectl get ep hello-svc
NAME        ENDPOINTS                                         AGE
hello-svc   100.96.1.10:8080, 100.96.1.11:8080 + 8 more...    1m

$ Kubectl describe ep hello-svc
Name:         hello-svc
Namespace:    default
Labels:       <none>
```

```
Annotations:  endpoints.kubernetes.io/last-change...
Subsets:
  Addresses:  100.96.1.10,100.96.1.11,100.96.1.12...
  NotReadyAddresses:   <none>
  Ports:
    Name       Port     Protocol
    ----       ----     --------
    <unset>    8080     TCP
Events: <none>
```

5. 小结

与所有的 Kubernetes 对象一样，部署和管理 Service 首推声明式的方式。Label 用来约束流量应该被转发至哪些 Pod。这意味着，我们可以对已经运行和使用中的 Pod 和 Deployment 部署新的 Service。每一个 Service 对应一个维护着其匹配的 Pod 列表的 Endpoint 对象。

6.4 实例

虽然本章介绍的内容很酷也很有趣，却会引出更重要的问题：Service 的价值在哪？以及 Service 如何让业务应用的运行和管理更加敏捷和具有弹性？

下面我们花费少量的时间介绍一个常见的现实世界中的例子——对应用进行更新。

众所周知，对应用的更新是运维常态：修复 Bug、新的功能、性能提升等。

图 6.9 中是一个部署在 Kubernetes 中的简单应用，它由一系列通过 Deployment 管理的 Pod 构成。其中，有一个 Service 筛选的是能够同时匹配 app=biz1 和 zone=prod 的 Pod（请注意图中的 Pod 是如何匹配 Label 筛选器的）。应用目前是运行状态。

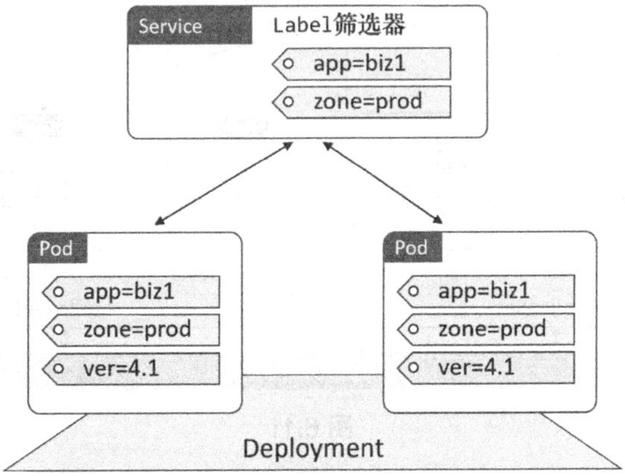

图 6.9

现在假设我们需要上线新的版本，并且不能导致服务停用。

为了达到目的，我们可以增加一批运行着新版应用的 Pod，如图 6.10 所示。

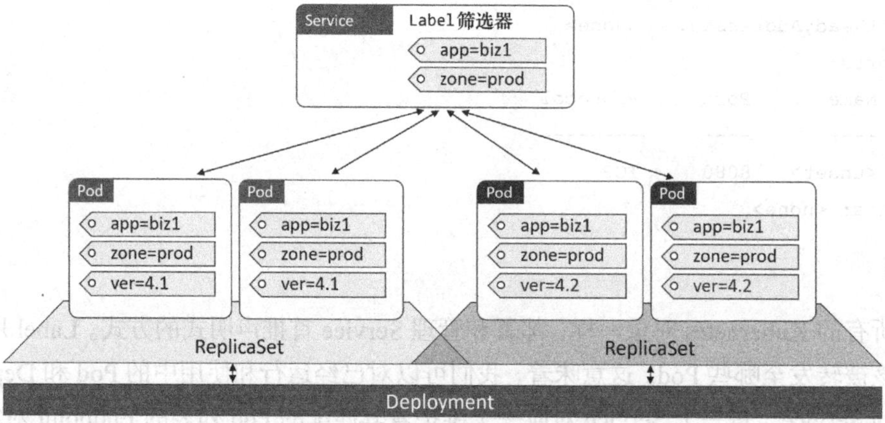

图 6.10

新版的 Pod 也拥有与 Label 筛选器所匹配的 Label。此时，Service 是能够对两个版本（version=4.1 和 version=4.2）的应用进行负载均衡的。这是由于 Service 的 Label 筛选器是会持续检查的，其 Endpoint 对象会跟进更新所匹配的 Pod 列表。

当确认新版本没有问题之后，可以通过对 Service 的 Label 筛选器追加 version=4.2 来强制所有的流量转向新版本。这样，旧版本的 Pod 就不再匹配了，Service 只会对新版本转发流量（见图 6.11）。

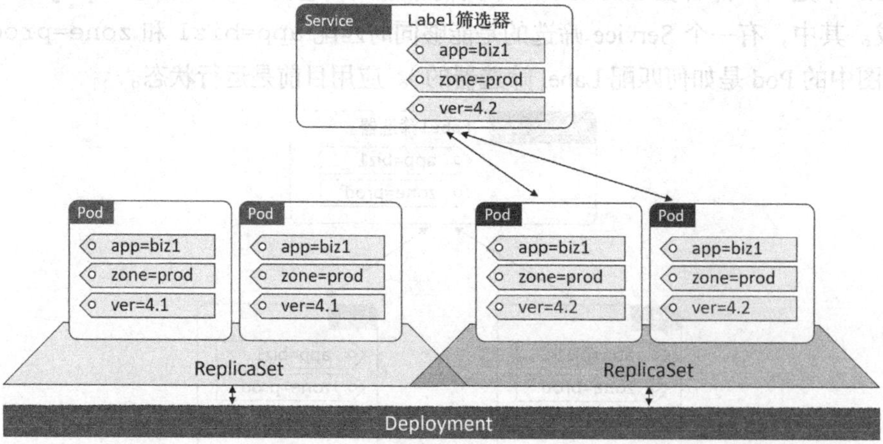

图 6.11

不过此时旧版本的 Pod 依然在运行，只是不再接受任何流量。也就是说，此时如果发现新版有任何问题，仍然可以仅仅通过将 Label 筛选器的 version=4.1 修改为 version=4.2 来切换回原来的版本。如图 6.12 所示。

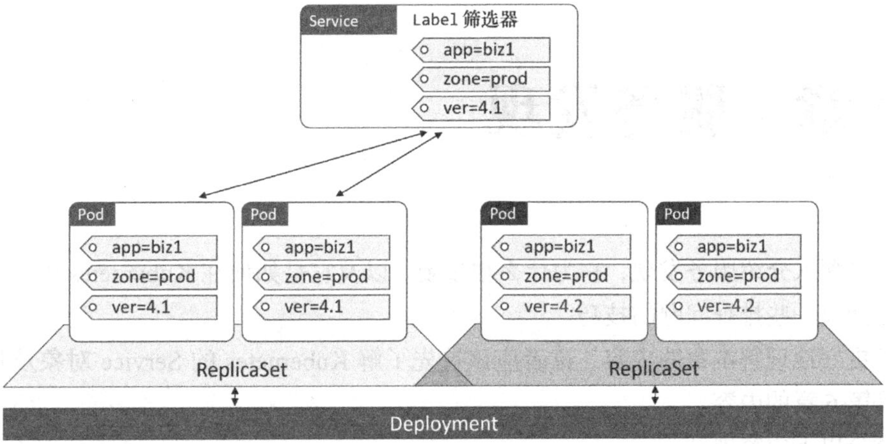

图 6.12

现在已经切回旧版本了。

这一功能可被用于多种运维操作：蓝绿发布、金丝雀发布等。简单而强大。

最后通过以下命令清理以上练习中所使用的 Deployment 和 Service。

```
$ kubectl delete -f deploy.yml
$ kubectl delete -f svc.yml
```

6.5 总结

本章提到，Service 能够为部署在 Kubernetes 中的应用提供稳定可靠的网络访问方式。此外，还能够进行负载均衡，并让应用为外部世界（Kubernetes 集群之外）提供服务。

Service 对外为其所匹配的 Pod 提供固定的网络访问方式。而对内则允许所匹配的 Pod 动态增减，同时不影响其负载均衡能力。

Service 在 Kubernetes 的 API 中是“一等”对象，可以用标准的 YAML 部署文件来定义。它利用 Label 筛选器来动态地匹配 Pod。推荐采用声明式的方式来使用 Service。

第 7 章　服务发现

本章将深入介绍服务发现，它为什么很重要，以及它是如何在 Kubernetes 中实现的。此外，还会涉及一些排查问题的技巧。

为了更好地理解本章的内容，读者应该首先了解 Kubernetes 的 Service 对象及其工作原理。这是第 6 章的内容。

本章分以下内容展开。

- 快速入门。
- 服务注册。
- 服务发现。
- 服务发现和命名空间。
- 排查问题。

7.1　快速入门

应用运行在容器中，而容器运行在 Pod 中。每一个 Kubernetes 的 Pod 都拥有唯一的 IP 地址，所有的 Pod 都通过被称为 Pod 网络的平面网络（flat network）互相连接。不过，Pod 的生命周期可能是短暂的。换句话说，它们可能随时被创建或删除，是不可靠的。比如，扩容、滚动升级、回滚和故障都可能导致 Pod 从网络中被添加或删除。

鉴于 Pod 这种天生不稳定的特性，Kubernetes 通过使用 Service 对象来为一组 Pod 提供固定的名称、IP 地址和端口。客户端通过连接 Service 对象，来进一步以负载均衡的方式连接到目标 Pod。

注：“Service”这个词有多重含义。大写字母“S”开头的表示 Kubernetes 的 Service 对象，能够为一组 Pod 提供稳定的网络。[1]

① 本书中不加翻译的 Service 即指 Kubernetes 的 Service 对象，否则翻译为“服务”。——译者注

现代的云原生应用由多个独立的微服务协同合作而成。为了便于通力合作，这些微服务需要能够互相发现和连接。这时候就需要服务发现（Service discovery）功能出场了。

关于服务发现有两个主要组件。

- 服务注册（Service registration）。
- 服务发现。

7.2 服务注册

所谓服务注册，即把微服务的连接信息注册到服务仓库，以便其他微服务能够发现它并进行连接，如图 7.1 所示。

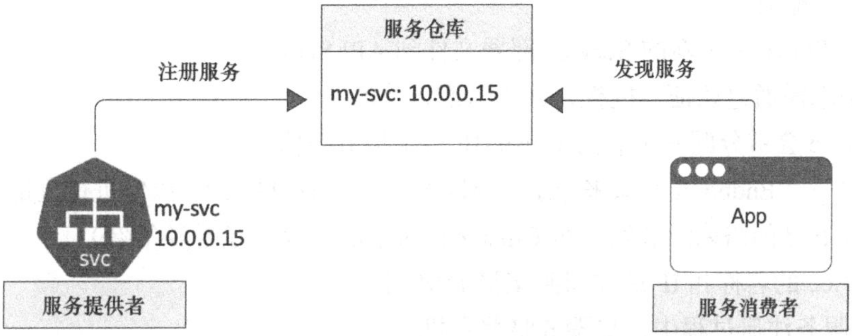

图 7.1

关于服务注册的几点重要说明如下。

1. Kubernetes 使用一个内部 DNS 服务作为服务注册中心。
2. 服务是基于 DNS 注册的（而非具体的 Pod）。
3. 每个服务的名称、IP 地址和网络端口都会被注册。

为此，Kubernetes 提供了一个“众所周知”的内部 DNS 服务，通常被称为“集群 DNS”（cluster DNS）。之所以说是“众所周知”，是因为集群里的所有 Pod 和容器都知道它的地址。实际上它是运行在 `kube-system` 命名空间中，并被一个名为 `coredns` 的 Deployment 管理着的一组 Pod。这一组 Pod 前面也有一个 Service，称为 `kube-dns`。具体实现上，它是基于 CoreDNS 的作为 Kubernetes 原生应用（Kubernetes-native application）运行的一种 DNS 技术。

上一段文字其实包含许多细节，下面就通过几条命令来具体了解其是如何实现的。读者可以在自己的 Kubernetes 集群中运行这几条命令。

```
$ kubectl get svc -n kube-system -l k8s-app=kube-dns
```

```
NAME       TYPE        CLUSTER-IP       EXTERNAL-IP   PORT(S)                  AGE
kube-dns   ClusterIP   192.168.200.10   <none>        53/UDP,53/TCP,9153/TCP   3h44m

$ kubectl get deploy -n kube-system -l k8s-app=kube-dns
NAME      READY   UP-TO-DATE   AVAILABLE   AGE
coredns   2/2     2            2           3h45m

$ kubectl get Pods -n kube-system -l k8s-app=kube-dns
NAME                       READY   STATUS    RESTARTS   AGE
coredns-5644d7b6d9-fk4c9   1/1     Running   0          3h45m
coredns-5644d7b6d9-s5zlr   1/1     Running   0          3h45m
```

每一个 Kubernetes Service 都会在创建之时被自动注册到集群 DNS 中。注册的过程如下（具体流程可能略有出入）。

1. 用户 POST 一个新的 Service 部署文件到 API Server。
2. 该请求需通过认证、授权，并遵从准入策略。
3. Service 会被分配一个名为 ClusterIP 的虚拟 IP 地址。
4. 创建一个 Endpoint 对象来记录所有匹配该 Service 的 Pod，以便进行流量的负载均衡。
5. 配置 Pod 网络来承载发送至 ClusterIP 的流量（后续有更多介绍）。
6. Service 的名称和 IP 被注册到集群 DNS 中。

在整个服务注册过程中，步骤 6 暗藏玄机。

前面提到，集群 DNS 是一个 Kubernetes 原生应用。这意味着它知道自身是运行在 Kubernetes 上的，而且实现了一个控制器（controller）来监视 API Server，以了解新创建的 Service 对象。一旦发现有新创建的 Service 对象，就会创建一个能够将该 Service 的名称解析到其集群 IP 的 DNS 记录。因此，应用和 Service 无须主动执行服务注册——集群 DNS 会持续监视新 Service 并自动完成注册。

需要重点强调的是，注册的 Service 的名称是保存在 metadata.name 属性中的值。ClusterIP 是由 Kubernetes 动态分配的。

```
apiVersion: v1
kind: Service
metadata:
  name: ent <<---- 集群 DNS 中注册的名称
  spec:
  selector:
    app: web
  ports:
    ...
```

至此，Service 前端（front-end）的配置已经被注册（名称、IP、端口），Service 也可以被运行在其他 Pod 中的应用发现。

7.2.1 服务后端

Service 前端（front-end）完成注册后，就需要构建后端（back-end）了。主要涉及创建和维护该 Service 所匹配的所有 Pod 的 IP。

前面的章节中提到，每一个 Service 都有一个 Label 筛选器，它能够确定 Service 应该把流量转发到哪些 Pod，如图 7.2 所示。

图 7.2

Kubernetes 自动为每个 Service 创建一个 Endpoint 对象（或 Endpoint slice）。它维护着一组能够匹配 Label 筛选器的 Pod 列表，这些 Pod 能够接收转发自 Service 的流量。这一点对于流量如何从 ClusterIP 被路由至 Pod 的 IP 是至关重要的（后续还会展开介绍）。

以下命令显示的是名为 `ent` 的 Service 对应的 Endpoint 对象的信息。它有两个能够匹配 Label 筛选器的 Pod 的 IP 地址和端口。

```
$ kubectl get endpoint ent
NAME    ENDPOINTS                                   AGE
ent     192.168.129.46:8080,192.168.130.127:8080   14m
```

如图 7.3 所示，Service `ent` 会负载均衡到两个 Pod，Endpoint 维护着可以匹配 Label 筛选器的两个 Pod 及其 IP。

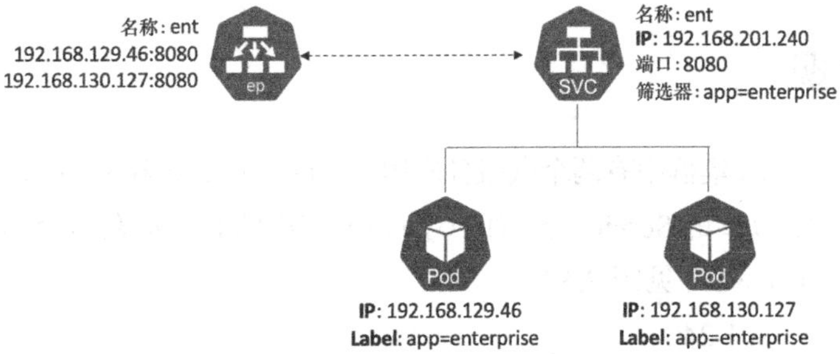

图 7.3

每个节点上的 Kubelet 进程都会监视 API Server 上出现的新的 Endpoint 对象。一旦发现，Kubelet 就会创建相应的网络规则，将 ClusterIP 的流量转发至 Pod 的 IP。如今基于 Linux 的 Kubernetes 集群中要创建这些规则的技术使用的是 Linux IP Virtual Server（IP 虚拟服务器，IPVS）。较旧版本的 Kubernetes 使用的是 iptables。

到此为止，Service 已经完全被注册并可以被发现了。

- 其前端（front-end）配置被注册到 DNS 中。
- 其后端（back-end）配置被存储在一个 Endpoint 对象中，同时承载流量的网络也就绪了。

最后，借助流程图来总结一下服务注册的过程。

7.2.2 小结

如图 7.4 所示，首先，Service 的配置被 POST 到 API Server，请求通过认证和授权。然后，Service 被分配一个 ClusterIP，并且其配置被持久化保存在集群存储中。接着，与该 Service 相关联的 Endpoint 被创建，其中维护着匹配 Label 筛选器的所有 Pod 的 IP。集群 DNS 作为 Kubernetes 原生应用监视并发现了 API Server 上新的 Service 对象，从而注册相应的 DNS 和 SRV 记录。每一个节点上都运行着一个 kube-proxy，它能够为新的 Service 和 Endpoint 创建 IPVS 规则，从而到达 Service 的 ClusterIP 的流量会被转发至匹配 Label 筛选器的某一个 Pod 上。

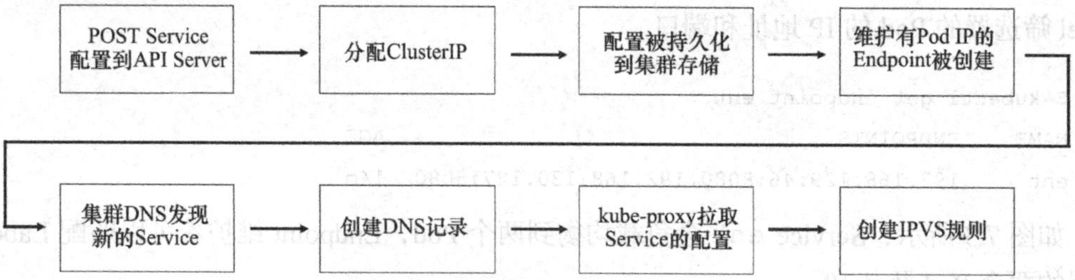

图 7.4

7.3 服务发现

假设一个 Kubernetes 集群中有两个微服务应用：`enterprise` 和 `voyager`。`enterprise` 应用的 Pod 都在名为 `ent` 的 Service 下，而 `voyager` 应用的 Pod 都在名为 `voy` 的 Service 下。分别注册了如下 DNS（见图 7.5）。

- `ent`: 192.168.201.240。
- `voy`: 192.168.200.217。

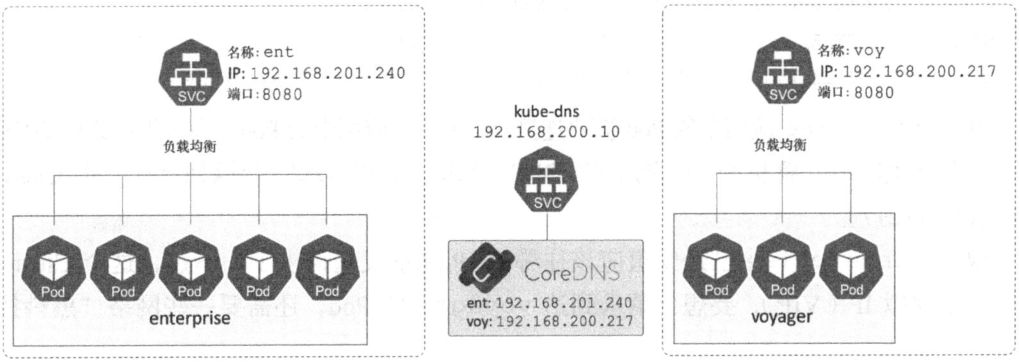

图 7.5

服务发现之所以能起作用，是因为每个微服务都知道以下两点。

1. 需要取得连接的远程微服务的名称。
2. 如何将名称转换为 IP 地址。

应用的开发人员负责第 1 点——编码的时候使用需要连接的微服务的名称。而 Kubernetes 则负责第 2 点。

7.3.1 使用集群 DNS 将名称解析为 IP 地址

Kubernetes 自动配置所有的容器，以便它们能够找到集群 DNS，并用来将 Service 名字解析为 IP 地址。具体来说，Kubernetes 会为每一个容器注入/etc/resolv.conf 文件，其中有集群 DNS 服务的 IP 地址和搜索域（search domain）——被用来追加至简单名称（unqualified name）作为后缀。

注： 所谓“简单名称”（unqualified name）就是类似 ent 这样的短名称。加上搜索域之后就会变成全限定域名（Fully Qualified Domain Name, FQDN），比如 ent.default.svc.cluster.local。

下面的代码就是注入容器里的配置文件，容器可以据此将 DNS 解析请求发送至 IP 为 192.168.200.10 的集群 DNS。其中还列出了可以拼接到简单名称上的搜索域。

```
$ cat /etc/resolv.conf
search svc.cluster.local cluster.local default.svc.cluster.local
nameserver 192.168.200.10
options ndots:5
```

如下可见/etc/resolv.conf 中 nameserver 所对应的集群 DNS 的地址。

```
$ kubectl get svc -n kube-system -l k8s-app=kube-dns
NAME       TYPE        CLUSTER-IP        PORT(S)                   AGE
kube-dns   ClusterIP   192.168.200.10    53/UDP,53/TCP,9153/TCP    3h53m
```

如果 enterprise 应用中的 Pod 需要连接 voyager 应用中的 Pod，会首先向集群 DNS 发送一个将名称 voy 解析为 IP 地址的 DNS 请求。集群 DNS 会返回 voy 的 ClusterIP（192.168.200.217）。

现在，enterprise 已经知道应该往哪个 IP 地址发送请求了。不过，这个 ClusterIP 只是一个虚拟 IP（VIP），要想让请求到达 voyager 的 Pod，还需要一些网络“黑科技”才行。

7.3.2 网络“黑科技”

在 Pod 知道对方 Service 的 ClusterIP 之后，就可以向该 IP 地址发送请求了。不过，这个地址在一个特殊的名为服务网络（Service network）的网络上，是没有路由可达的！也就是说，应用的容器并不知道应该将流量发往何处，因此只得发送至默认网关（default gateway）。

注： 当一个设备所发出的流量并没有具体的路由时，就会被发送至默认网关。而默认网关通常会将流量转发至另一个拥有更大的路由表的设备，以便能够找到正确的路由。打个比方，如果想要驾车从 A 城市到 B 城市。A 城市的内部道路上可能没有到 B 城市的路标，这时候通常会去找高速公路的路标。一旦到达高速公路，就比较可能找到去 B 城市的方向了。如果第一个路标没有 B 城市的方向，那么可以继续行驶直到遇到有 B 城市方向的路标。路由与此类似，如果设备没有目标网络的路由，那么流量会从一个默认的网关发往下一个，直至找到具体的路由。

容器的默认网关会将流量发送至其所在的主机节点。

节点同样没有到达服务网络的路由，因此它会将流量发往自身的默认网关。这一过程中，流量会被节点的内核处理，此时就是网络“黑科技”产生的时机！

每一个 Kubernetes 节点都运行着一个名为 kube-proxy 的系统服务。总体来说，kube-proxy 负责捕获发送至 ClusterIP 的流量，并转发至匹配 Service 的 Label 筛选器的 Pod 的 IP 地址。具体如何实现呢？

kube-proxy 是一个基于 Pod 的 Kubernetes 原生应用，它实现了一个能够监视 API Server 上新创建的 Service 和 Endpoint 的控制器。当它有新发现时，就回创建一条本地的 IPVS 规则，该规则告诉主机节点拦截发往 Service 的 ClusterIP 的流量，并发送至具体的 Pod。

这意味着，每次节点的内核在处理发往服务网络上某个地址的流量时，就会发生一次捕获（trap），并将流量转发至匹配目标 Service 的 Label 筛选器的某个健康 Pod 的 IP 地址。

Kubernetes 原本使用 iptables 来进行捕获和负载均衡。然而在 Kubernetes 1.11 之后替换为 IPVS。这是因为 IPVS 在进行基于内核的 4 层负载均衡时有更高的性能，它相对于 iptables 来说扩展性更强，负载均衡算法也更好。

7.3.3 小结

下面结合图 7.6 对服务发现的过程进行一个简要的总结。

假设名为“enterprise”的微服务要将流量发送至名为“voyager”的微服务。过程之初，“enterprise”微服务需要知道“voyager”的 Service 对象的名称。我们假定名为“voy”，当然这是由程序开发人员负责确定的。

“enterprise”微服务的某个实例发送了一个 DNS 请求到集群 DNS（在每个容器的`/etc/resolv.conf`中定义），请求将 Service“voy”的名称解析为 IP 地址。集群 DNS 返回了“voy”的 ClusterIP（虚拟地址），然后“enterprise”的微服务实例发送请求到这个 ClusterIP。不过，并不存在到达服务网络上的 ClusterIP 的路由。这意味着，请求会被发送至容器的默认网关，也就是容器所在的节点。节点也没有到达服务网络的路由，因此请求被发送至节点的默认网关。然后该请求会被节点的内核处理，此时会触发一次捕获（trap），从而将请求转发至匹配目标 Service 的 Label 筛选器的某个 Pod 的 IP 地址。

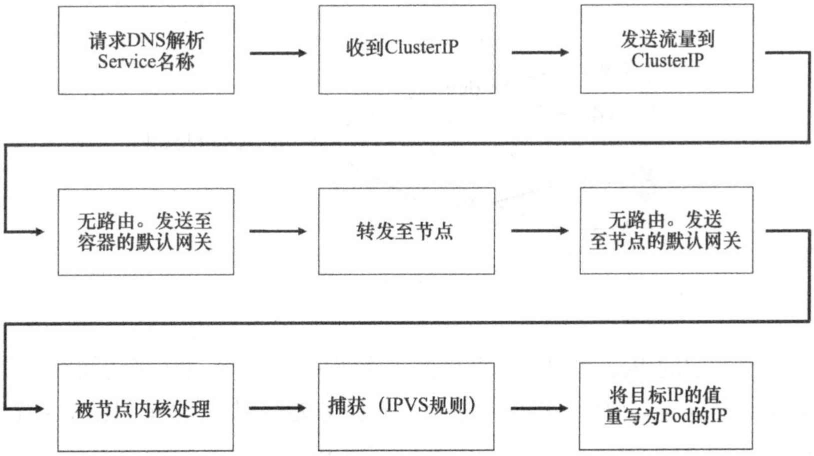

图 7.6

节点拥有到达 Pod 的 IP 的路由，最终该请求到达 Pod 并得到处理。

7.4 服务发现与命名空间

若想要理解服务发现是如何在命名空间（namespace）内部和之间工作的，有两点很重要。

1. 每一个集群都有一个地址空间。
2. 命名空间为集群的地址空间的分区。

每一个集群都有一个基于 DNS 域（domain）的地址空间，我们通常称之为集群域（cluster domain）。默认名称是 `cluster.local`，Service 对象都被放在这个地址空间中。例如，Service ent 的全限定域名（FQDN）是 `ent.default.svc.cluster.local`。

FQDN 的格式是`<object-name>.<namespace>.svc.cluster.local`。

命名空间可以用来对集群域下的地址空间进行分区。比如，创建 `prod` 和 `dev` 两个命名空间之后，就会拥有可以安排 Service 和其他对象的两个地址空间了。

- `dev: <object-name>.dev.svc.cluster.local`。
- `prod:<object-name>.prod.svc.cluster.local`。

同一命名空间内部的对象名称必须是唯一的，不过不同命名空间之间的对象可以重名。也就是说，不能在同一个命名空间内有两个名为“ent”的 Service 对象，但在不同的命名空间是可以的。这一点可用于有开发和生产两套并行的配置环境的情况。如图 7.7 所示，一个集群域被分成了 `dev` 和 `prod` 两个地址空间，其中各自部署有 `ent` 和 `voy` 两个 Service。

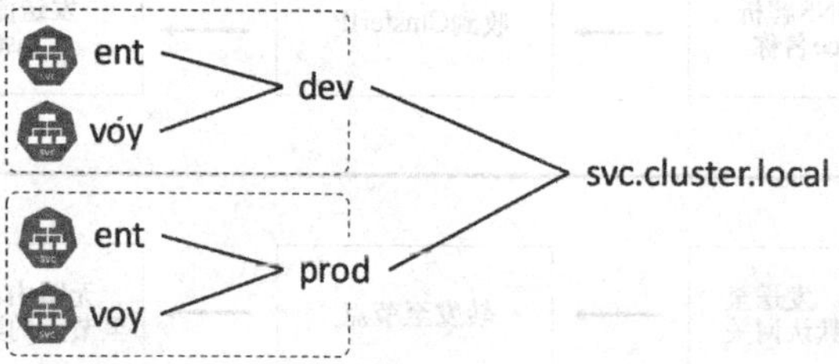

图 7.7

`prod` 命名空间中的 Pod 可以使用短名称（比如 `ent` 和 `voy`）来访问本命名空间内部的 Service。而如果需要连接其他命名空间中的对象，则需要使用 FQDN，比如 `ent.dev.svc.cluster.local` 和 `voy.dev.svc.cluster.local`。

可见，命名空间能够对集群的地址空间进行分区。同时，它还可用于实现访问控制和资源限额。不过，它不能作为流量隔离的手段来使用，因此不能用于隔离有害负载。

服务发现的例子

一起来看一个简单的例子。

以下名为 sd-example.yml 的 YAML 文件可以在本书的 GitHub 库中的 Service-discovery 目录下找到。它定义了两个命名空间、两个 Deployment、两个 Service 和一个单独的 Pod。这两个 Deployment 有同样的名字，Service 也是。不过它们分别部署在不同的命名空间下，所以是没问题的。单独的 Pod 部署在 dev 命名空间中，如图 7.8 所示。

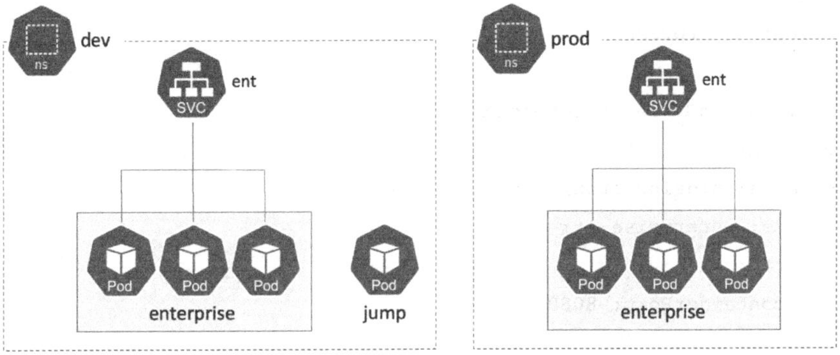

图 7.8

```
apiVersion: v1
kind: Namespace
metadata:
  name: dev
---
apiVersion: v1
kind: Namespace
metadata:
  name: prod
---
apiVersion: apps/v1
kind: Deployment
metadata:
  name: enterprise
  labels:
    app: enterprise
```

```
  namespace: dev
spec:
  selector:
    matchLabels:
      app: enterprise
  replicas: 2
  strategy:
    type: RollingUpdate
  template:
    metadata:
      labels:
        app: enterprise
    spec:
      terminationGracePeriodSeconds: 1
      containers:
      - image: nigelpoulton/k8sbook:text-dev
        name: enterprise-ctr
        ports:
        - containerPort: 8080
---
apiVersion: v1
kind: Deployment
metadata:
  name: enterprise
  labels:
    app: enterprise
  namespace: prod
spec:
  selector:
    matchLabels:
      app: enterprise
  replicas: 2
  strategy:
    type: RollingUpdate
  template:
    metadata:
      labels:
        app: enterprise
```

```
    spec:
      terminationGracePeriodSeconds: 1
      containers:
      - image: nigelpoulton/k8sbook:text-prod
        name: enterprise-ctr
        ports:
        - containerPort: 8080
---
apiVersion: v1
kind: Service
metadata:
  name: ent
  namespace: dev
spec:
  selector:
    app: enterprise
  ports:
    - port: 8080
  type: ClusterIP
---
apiVersion: v1
kind: Service
metadata:
  name: ent
  namespace: prod
spec:
  selector:
    app: enterprise
  ports:
    - port: 8080
  type: ClusterIP
---
apiVersion: v1
kind: Pod
metadata:
  name: jump
  namespace: dev
```

```
spec:
  terminationGracePeriodSeconds: 5
  containers:
  - name: jump
    image: ubuntu
    tty: true
    stdin: true
```

把它们部署到集群中。

```
$ kubectl apply -f dns-namespaces.yml
namespace/dev created
namespace/prod created
deployment.apps/enterprise created
deployment.apps/enterprise created
Service/ent created
Service/ent created
Pod/jump-Pod created
```

执行以下命令检查是否已经正确部署。以下的输出内容有裁剪，并未显示所有对象的信息。

```
$ kubectl get all -n dev
NAME          TYPE        CLUSTER-IP       EXTERNAL-IP  PORT(S)   AGE
Service/ent   ClusterIP   192.168.202.57   <none>       8080/TCP  43s

NAME                          READY  UP-TO-DATE  AVAILABLE  AGE
deployment.apps/enterprise  2/2    2           2          43s
<snip>

$ kubectl get all -n prod
NAME          TYPE        CLUSTER-IP        EXTERNAL-IP  PORT(S)   AGE
Service/ent   ClusterIP   192.168.203.158   <none>       8080/TCP  82s

NAME                          READY  UP-TO-DATE  AVAILABLE  AGE
deployment.apps/enterprise  2/2    2           2          52s
<snip>
```

下面我们将进行以下操作。

1. 登录到 dev 命名空间的 jump Pod 的容器。

2. 查看容器的/etc/resolv.conf 文件。
3. 通过 Service 的短名称连接到 dev 命名空间的 ent 应用。
4. 通过 Service 的 FQDN 连接到 prod 命名空间的 ent 应用。

为了便于测试，ent 应用的版本在每一个命名空间中是不一样的。

登录到 jump Pod。

```
$ kubectl exec -it jump -n dev --bash
root@jump:/#
```

终端中的命令提示符会发生变化，表明已经进入 jump Pod。

查看/etc/resolv.conf 的内容，并注意到搜索域包含 dev 命名空间而不包含 prod 命名空间。

```
$ cat /etc/resolv.conf
search dev.svc.cluster.local svc.cluster.local cluster.local default.svc.cluster.local
nameserver 192.168.200.10
options ndots:5
```

其中，nameserver 的值与集群中 kube-dns Service 的 ClusterIP 是一致的。这是一个"众所周知"的 IP 地址，用来处理 DNS/服务发现的请求。

安装 curl 工具。

```
$ apt-get update && apt-get install curl -y
<snip>
```

使用 curl 通过短名称 ent 连接到在 dev 中运行的应用。

```
$ curl ent:8080
Hello from the DEV Namespace!
Hostname: enterprise-7d49557d8d-k4jjz
```

响应中的"Hello from the DEV Namespace!"表明 curl 连接到的是 dev 中的应用实例。

当 curl 命令执行的时候，容器会自动在 ent 后追加 dev.svc.cluster.local，然后向/etc/resolv.conf 中指定的集群 DNS 的 IP 地址发送解析请求。DNS 会返回 dev 命名空间中 ent Service 的 ClusterIP，从而使请求被发送至该地址。然后它会被路由到节点的默认网关，并被节点的内核捕获，然后转发到其中的一个 Pod 上。

再次执行 curl 命令，不过这次要加上 prod 命名空间的域名。那么集群 DNS 会返回 prod 命名空间中实例的 ClusterIP，从而请求最终会被送达运行在 prod 中的某个 Pod。

```
$ curl ent.prod.svc.cluster.local:8080
Hello from the PROD Namespace!
Hostname: enterprise-5464d8c4f9-v7xsk
```

这一次响应是来自 prod 命名空间中的某个 Pod。

以上测试证明了短名称会被解析到自身所在的命名空间，而跨命名空间的连接则需要使用 FQDN。

记得输入 exit 来退出刚才登录的容器。

7.5 服务发现问题排查

服务注册和发现涉及许多环节。其中任何一个环节出现故障，都可能导致整个过程中断。下面快速介绍一下都涉及哪些环节，以及如何排查问题。

Kubernetes 将集群 DNS 作为服务注册中心使用。它由一组运行在 kube-system 命名空间中的 Pod 和一个用来提供稳定网络入口的 Service 对象构成。下面列举几个重要的组件。

- Pod：由 coredns Deployment 管理。
- Service：一个名为 kube-dns 的 ClusterIP Service，其监听端口为 TCP/UDP 53。
- Endpoint：也叫 kube-dns。

所有与集群 DNS 相关的对象都有 K8s-app=kube-dns 的 Label。这一点在筛选 kubectl 输出的时候很有用。

确定 coredns Deployment 及其管理的 Pod 是运行状态。

```
$ kubectl get deploy -n kube-system -l k8s-app=kube-dns
NAME      READY   UP-TO-DATE   AVAILABLE   AGE
coredns   2/2     2            2           2d21h

$ kubectl get Pods -n kube-system -l k8s-app=kube-dns
NAME                       READY   STATUS    RESTARTS   AGE
coredns-5644d7b6d9-74pv7   1/1     Running   0          2d21h
coredns-5644d7b6d9-s759f   1/1     Running   0          2d21h
```

检查 coredns 的每一个 Pod 的日志。这里需要将 Pod 的名称替换为实际环境中的名称。以下是一个正常工作的 DNS Pod 的典型输出。

```
$ kubectl logs coredns-5644d7b6d9-74pv7 -n kube-system
2020-02-19T21:31:01.456Z [INFO] plugin/reload: Running configuration...
2020-02-19T21:31:01.457Z [INFO] CoreDNS-1.6.2
```

```
2020-02-19T21:31:01.457Z [INFO] linux/amd64, go1.12.8, 795a3eb
CoreDNS-1.6.2
linux/amd64, go1.12.8, 795a3eb
```

假设 Pod 和 Deployment 是正常的，则还需要查看 Service 及其 Endpoint 对象。查看命令的输出应该显示 Service 是运行中的，而且 ClusterIP 是有 IP 地址的，并且监听 TCP/UDP 53 端口。

```
$ kubectl get svc kube-dns -n kube-system
NAME       TYPE        CLUSTER-IP        EXTERNAL-IP PORT(S)                  AGE
kube-dns   ClusterIP   192.168.200.10    <none>      53/UDP,53/TCP,9153/TCP   2d21h
```

与之关联的 kube-dns Endpoint 对象也应该是正常运行的，同时拥有所有 coredns Pod 的 IP 地址。

```
$ kubectl get ep -n kube-system -l k8s-app=kube-dns
NAME       ENDPOINTS                                                        AGE
kube-dns   192.168.128.24:53,192.168.128.3:53,192.168.128.24:53 + 3 more...  2d21h
```

在确定基础的 DNS 组件都处于正常运行状态之后，就需要进行更加细致和深入的排查了。下面是一些基本的技巧。

首先，启动一个用于排查问题的 Pod，其中需安装读者擅长的网络工具（ping、traceroute、curl、dig、nslookup 等）。如果读者没有自定义的镜像，那么标准的 gcr.io/kubernetes-e2e-test- images/dnsutils:1.3 镜像是一个比较大众的选择。可惜的是，库中没有 latest 版本的镜像，读者需要指定具体的版本。至本书撰写时，最新版本是 1.3。

以下命令将基于刚刚提到的 dnsutils 镜像启动一个名为 netutils 的独立 Pod。同时也会直接登录到其终端中。

```
$ kubectl run -it dnsutils \
  --image gcr.io/kubernetes-e2e-test-images/dnsutils:1.3
```

常见的测试DNS解析的方法是使用nslookup来解析用于代理API Server的kubenetes.default Service，测试请求将返回一个 IP 地址和名称 kubernetes.default.svc.cluster.local。

```
# nslookup kubernetes
Server:         192.168.200.10
Address:        192.168.200.10#53
Name:   kubernetes.default.svc.cluster.local
Address: 192.168.200.1
```

前两行应该返回集群 DNS 的 IP 地址，后两行则会显示 kubenetes Service 的 FQDN 和 ClusterIP。然后可以通过执行 kubectl get svc kubenetes 命令来检查 kubenetes Service 的 ClusterIP。

如果出现诸如“nslookup: can't resolve kubenetes”的错误，则表明 DNS 有异常。可以尝试重启 coredns Pod 来解决。它们被 Deployment 管理，因此会被自动创建。

以下命令可以删除 DNS Pod，这需要在安装了 kubectl 的终端中运行，如果仍然在 netutils Pod 中，则需要先输入 exit 退出。

```
$ kubectl delete Pod -n kube-system -l k8s-app=kube-dns
Pod "coredns-5644d7b6d9-2pdmd" deleted
Pod "coredns-5644d7b6d9-wsjzp" deleted
```

查看 Pod 是否重新启动，并再次测试 DNS。

7.6 总结

本章说到 Kubernetes 使用一个内部的集群 DNS 来进行服务的注册和发现。

所有的 Service 对象都会被自动注册到集群 DNS 中，而所有的容器都被配置好该集群 DNS 的解析地址。也就是说，所有的容器都通过询问集群 DNS 来进行 Service 名称的解析。

集群 DNS 会将 Service 的名称解析为其 ClusterIP。这些 IP 地址位于一个被称为服务网络（Service network）的特殊网络上，并且没有到达该网络的路由。所幸，每一个集群节点都能够对发往服务网络的数据包进行捕获，并转发至 Pod 网络中的某个具体 Pod 的 IP 地址。

第 8 章　Kubernetes 存储

存储对于大多数的实际生产环境应用来说是非常重要的。幸运的是，Kubernetes 拥有成熟且功能丰富的存储子系统，称为持久化卷子系统（Persistent Volume Subsystem）。

本章从以下内容展开。

- 概述。
- Storage 提供商。
- 容器存储接口（The Container Storage Interface, CSI）。
- Kubernetes 持久化卷子系统。
- 存储类（Storage Class）和动态置备（Dynamic Provisioning）。
- 示例。

8.1　概述

首先要说，Kubernetes 支持来自多种途径的多种类型的存储。例如 iSCSI、SMB、NFS，以及对象存储等，都是不同类型的、部署在云上或自建数据中心的外部存储系统。不过，无论什么类型的存储，或来自哪里，在其对接到 Kubernetes 集群中后，都会被统称为**卷（volume）**。例如，来自 Azure File 的资源在 Kubernetes 中称为卷，来自 AWS 弹性块存储（Elastic Block Store）的块设备也是如此。Kubernetes 上所有的存储都被称为卷。

图 8.1 是总体架构。

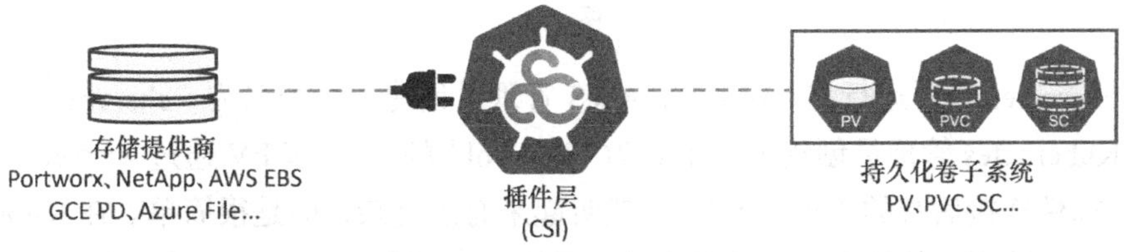

图 8.1

左侧是存储提供商。它可能是来自诸如 EMC 和 NetApp 等厂商的传统企业级存储阵列，也可能是来自诸如 AWS 弹性块存储（EBS）和 GCE 持久化磁盘（PD）的云存储服务。只需要一个插件就可以让存储资源作为卷在 Kubernetes 中应用。

图中间是插件层。通俗来说，它像胶水一般连接外部存储和 Kubernetes。实际上，插件是基于容器存储接口（The Container Storage Interface, CSI）的，CSI 是一种旨在为插件提供一套清晰接口的开放标准。如果读者是一个编写存储插件的开发者，CSI 能够为读者抽象 Kubernetes 存储的内部细节，使读者可以在 Kubernetes“代码树”之外（out-of-tree）进行开发。

注： 在 CSI 出现之前，所有的存储插件都是作为 Kubernetes 代码树（in-tree）的一部分来实现的。这意味着，所有的插件都必须是开源的，并且所有的更新和 Bug 修复都绑定在 Kubernetes 的发布周期上。这对于插件开发者和 Kubernetes 的维护者来说都是噩梦。不过，现在有了 CSI，存储提供商不再需要开源其代码，并且可以按照自己的节奏来进行更新和 Bug 修复。

图 8.1 的右侧是 Kubernetes 持久化卷子系统。其中是一组能够被各个应用来使用的 API 对象。简单来说，持久化卷（Persistent Volume, PV）允许用户将外部存储映射到集群，而持久化卷申请（Persistent Volume Claim, PVC）则类似于许可证，使有授权的应用（Pod）可以使用 PV。

我们假设一个简单的例子，如图 8.2 所示。

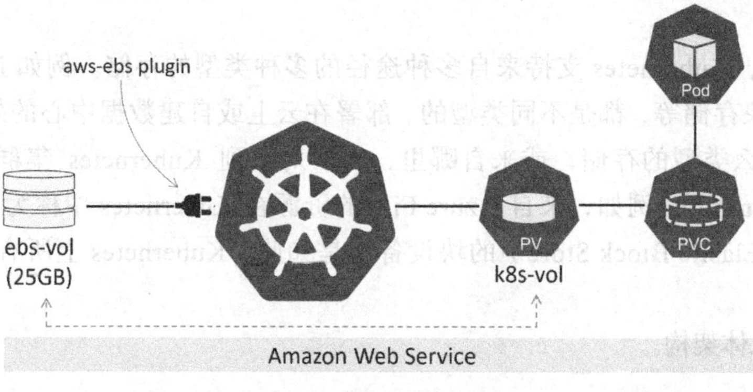

图 8.2

某 Kubernetes 集群运行在 AWS 上，AWS 管理员创建了一个名为“ebs-vol”的 25GB 的 EBS 卷。Kubernetes 管理员创建了一个名为“k8s-vol”的 PV，该 PV 通过 `kubenetes.io/aws-ebs` 插件连接后端的“ebs-vol”。虽然听起来有点复杂，但是很简单。在 Kubernetes 集群中，PV 是一种表示外部存储的简单方式。最终，Pod 通过一个 PVC 来申请对 PV 的使用。

补充以下两点。

1. 对于多个 Pod 访问同一个卷的情况，有相应的规则来确保正常访问。

2. 一个外部存储卷只能被一个 PV 使用。例如，一个 50GB 的外部卷不能分成两个 25GB 的 Kubernetes PV 来使用。

以上是一些思路性的解释，下面将进一步深入介绍。

8.2 存储提供者

Kubernetes 可以让各种类型的外部存储系统为其所用。常见的可能是诸如 `AWSElasticBlockStore` 或 `AzureDisk` 等本地云服务，也可能是传统自建存储阵列提供的 `iSCSI` 或 `NFS` 卷。当然还有其他存储可选，总之，Kubernetes 能够广泛对接各种外部存储系统。

不过一些明显的限制除外，比如，肯定无法让运行在 Microsoft Azure 云上的 Kubernetes 集群使用 `AWSElasticBlockStore` 提供的存储。

8.3 容器存储接口（CSI）

CSI 是 Kubernetes 存储体系非常重要的一部分。不过，除非是编写存储插件的开发者，否则不太可能经常与 CSI 打交道。

CSI 是一个开源项目，定义了一套基于标准的接口，从而使存储能够以一种统一的方式被不同的容器编排工具使用。换句话说，存储厂商编写的 CSI 插件应该可以被用于多个编排工具，比如 Kubernetes 和 Docker Swarm。不过，Kubernetes 被重点照顾。

在 Kubernetes 的世界中，CSI 是编写驱动（插件）的推荐方式，这意味着插件代码不需要存在于 Kubernetes 代码树中。它提供了一套简洁的接口，能够对 Kubernetes 内部存储机制的复杂性进行抽象。因此，CSI 仅暴露出一些简洁的接口，而隐藏了 Kubernetes 代码中丑陋的卷机制（无意冒犯）。

从日常管理的角度来说，与 CSI 打交道的唯一机会就是通过 YAML 部署文档来引用合适的插件。不过，代码树中的插件逐步被 CSI 插件代替还需要一定的时间。

有时我们将插件称为“provisioner”，尤其是在本章后面谈到存储类（Storage Class）的时候。

8.4 Kubernetes 持久化卷子系统

本节介绍的，才是每天都有可能通过配置和操作与 Kubernetes 存储打交道的内容。

如图 8.3 所示，左侧是原始存储，它通过 CSI 插件与 Kubernetes 对接。这样，就可以在应用中使用由持久化卷子系统提供的存储了。

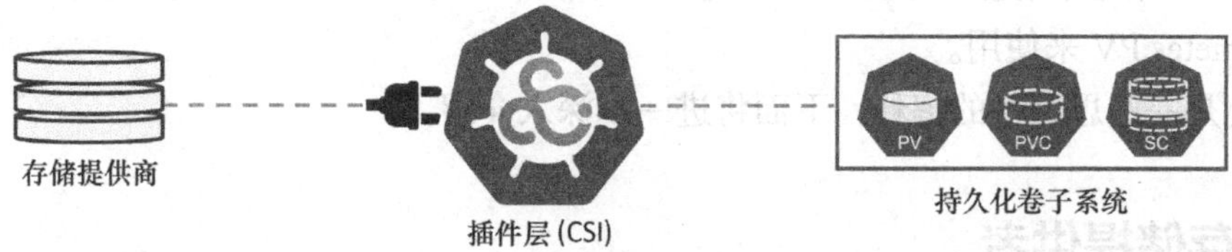

图 8.3

持久化卷子系统中的 3 个主要资源如下。

- 持久化卷（Persistent Volume，PV）。
- 持久化卷申请（Persistent Volume Claim，PVC）。
- 存储类（Storage Class，SC）。

概括地说，PV 代表的是 Kubernetes 中的存储；PVC 就像许可证，赋予 Pod 访问 PV 的权限；CS 则使分配过程是动态的。

让我们通过一个具体的例子来深入了解。

假设有一个 Kubernetes 集群和一套外部存储系统。存储提供商的 CSI 插件能够用来在 Kubernetes 集群中使用其存储。我们在存储系统上置备 3 个 10GB 的卷，并创建 3 个 Kubernetes PV 对象以便集群可以使用这 3 个卷。每一个 PV 代表存储上的一个卷。这时，在 Kubernetes 集群中就可以看到这 3 个卷并使用它们了。

现在假设要部署一个需要 10GB 存储空间的应用。这没问题，因为已经有 3 个 10GB 的 PV 了。为了让应用能够使用其中一个 PV，需要 PVC。前面提到，PVC 就像许可证，能够准许一个 Pod（应用）使用一个 PV。应用有了 PVC 之后，就可以将相应的 PV 作为卷挂载到 Pod 中。可以回看图 8.2 以帮助理解。

大体的过程就是这样的，下面上手操作一下。

本示例适用于运行在 Google 云上的 Kubernetes 集群。本书之所以基于一个云平台来举例，是因为这能够简化示例的理解，读者可以使用云平台上的免费方案或初始的免费券。当然，在其他平台上也是类似的，稍作改动即可。

本例假设，在 Google 云上，集群所在的 Region 或 Zone 已经预先创建了一个名为 `uber-disk` 的 10GB 的 SSD 卷。那么，在 Kubernetes 中的操作将分为如下几步。

（1）创建 PV。

（2）创建 PVC。

（3）在 PodSpec 中定义卷。

（4）挂载到一个容器上。

下面的 YAML 文件将创建一个 PV 对象，该对象与 Google 云上已创建的“uber-disk”磁盘是关联的。以下 YAML 文件 gke-pv.yml 可以在本书 GitHub 库的 storage 目录下找到。

```
apiVersion: v1
kind: PersistentVolume
metadata:
  name: pv1
spec:
  accessModes:
  - ReadWriteOnce
  storageClassName: test
  capacity:
    storage: 10Gi
  persistentVolumeReclaimPolicy: Retain
  gcePersistentDisk:
    pdName: uber-disk
```

仔细研读一下该文件的内容。

PV 资源是定义在 core API 组的 v1 中的。PV 的名称是 pv1，其访问模式是 ReadWriteOnce，并且将其存储类设置为 test。另外，它还被定义为一个 10GB 的卷，设置了 Reclaim 策略，并且被映射到已创建的 GCE 磁盘 uber-disk 上。

执行以下命令来创建 PV。假设 YAML 文件在 PATH 中（或当前目录下），并且名为 gke-pv.yml。如果尚未在后端存储（本例中存储后端由 Google 计算引擎提供）中创建 uber-disk，则该命令会执行失败。

```
$ kubectl apply -f gke-pv.yml
persistentvolume/pv1 created
```

查看 PV 是否已经创建。

```
$ kubectl get pv pv1
NAME   CAPACITY   MODES   RECLAIM POLICY   STATUS      STORAGECLASS ...
pv1    10Gi       RWO     Retain           Available   test
```

当然，还可以执行 kubectl describe pv pv1 命令来查看更多详细信息。至此，所创建的 PV 如图 8.4 所示。

下面简要介绍 YAML 文件中的几个 PV 属性。

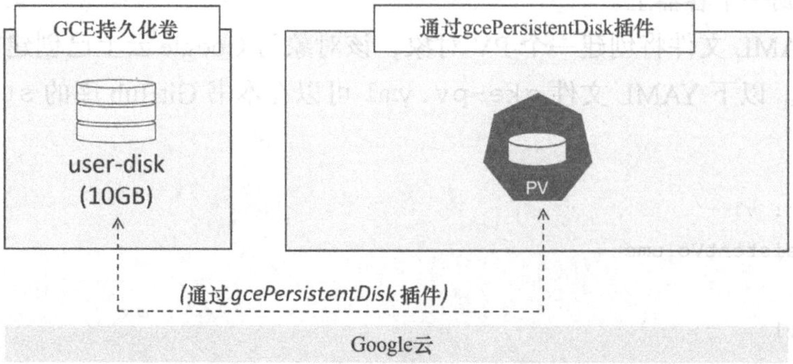

图 8.4

spec.accessModes 定义了 PV 是如何被挂载的。可选项包括以下几种。

- ReadWriteOnce（RWO）。
- ReadWriteMany（RWM）。
- ReadOnlyMany（ROM）。

ReadWriteOnce 限制一个 PV 只能以读写方式被挂载或绑定到一个 PVC。尝试将其绑定到多个 PVC 的话会失败。

ReadWriteMany 则允许一个 PV 能够以读写方式被绑定到多个 PVC 上。这种模式通常只支持诸如 NFS 这样的文件或对象存储。块存储通常只支持 RWO。

ReadOnlyMany 允许 PV 以只读方式绑定到多个 PVC。

需要强调几点。首先，一个 PV 只能设置一种模式：不能在与一个 PVC 以 ROM 模式绑定的同时再与另一个 PVC 以 RWM 模式绑定。其次，Pod 不能直接与 PV 对接，而是必须通过 PVC 与某个 PV 绑定。

spec.storageClassName 让 Kubernetes 将该 PV 归入名为 test 的存储类。本章后续还会就存储类展开介绍，此处为了确保 PV 与 PVC 顺利完成绑定暂且如此设置。

还有一个属性 spec.persistentVolumeReclaimPolicy，用于定义在 PVC 被释放之后，如何处理对应的 PV。具体来说有两种策略。

- Delete。
- Retain。

Delete 是更危险的方式，也是在使用存储类动态创建 PV 时的默认策略。这一策略会删除对应的 PV 对象以及外部存储系统中关联的存储资源，从而可能导致数据丢失！因此必须谨慎使用该策略。

Retain 则会保留对应的 PV 对象，以及外部存储系统中的资源。不过，也会导致其他 PVC 无法继续使用该 PV。

如果想要继续使用保留的 PV，则需要执行如下 3 个步骤。

1. 手动删除该 PV。
2. 格式化外部存储系统中相对应的存储资源。
3. 重新创建 PV。

注意，在实验环境中，非常容易忘记还需要执行以上 3 个步骤来尝试重新使用一个旧的已删除的设置为 retain 策略的 PV。

spec.capacity 用于告诉 Kubernetes 这个 PV 的容量是多少。它的值可以比实际的物理存储资源更少，但是不能更多。比如读者不能在外部存储系统的 50GB 的设备上创建一个 100GB 的 PV，但是却可以在 100GB 的外部卷上创建一个 50GB 的 PV（不过会造成浪费）。

YAML 文件的最后一行将 PV 与后端存储上已创建的设备名称关联。

此外，还可以在 YAML 文件的 parameters 部分定义与存储提供商相关的属性。这在后续介绍存储类的时候会看到。如果存储系统支持 NVMe 设备，那么就可以在这里进行定义。

现在已经有 PV 了，下面再创建一个 PVC，这样 Pod 就可以声明（claim）对 PV 的使用了。

下面的 YAML 文件定义了一个 PVC，可以被 Pod 用来声明对名为 pv1 的 PV 的使用权。以下文件 gke-pvc.yml 可以在本书 GitHub 库的 storage 目录下找到。

```yaml
apiVersion: v1
kind: PersistentVolumeClaim
metadata:
  name: pvc1
spec:
  accessModes:
  - ReadWriteOnce
  storageClassName: test
  resources:
    requests:
      storage: 10Gi
```

同 PV 一样，PVC 也是 core API 组中稳定的 v1 资源。

最重要的是要注意到，PVC 的 spec 部分的值与要绑定的 PV 要一致。本例中，access mode、storage class 和 capacity 必须与 PV 的一致，如图 8.5 所示。

注： PV 可以拥有比 PVC 更大的容量。比如，一个 10GB 的 PVC 可以绑定到一个 15GB 的 PV 上（显然会浪费 5GB 的 PV 空间）。不过，一个 15GB 的 PVC 无法绑定到一个 10GB 的 PV 上。

图 8.5 是某 PV 与 PVC 的 YAML 文件的对比，需要匹配的属性已经被加重显示了。

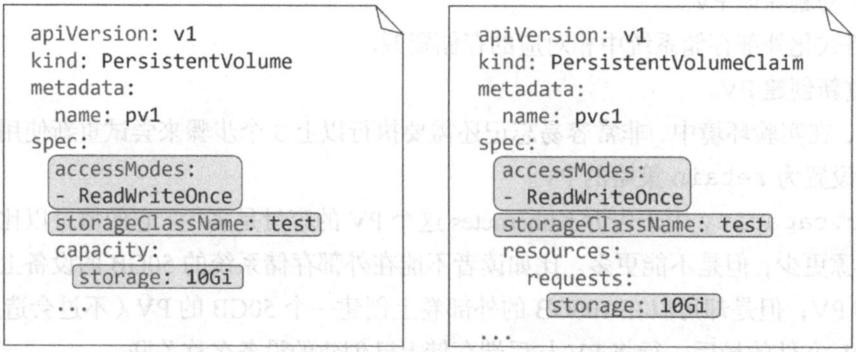

图 8.5

执行如下命令来部署 PVC。假设 YAML 文件 gke-pvc.yml 已经存在于 PATH 中。

```
$ kubectl apply -f gke-pvc.yml
persistentvolumeclaim/pvc1 created
```

查看 PVC 是否已创建并绑定到 PV。

```
$ kubectl get pvc pvc1
NAME   STATUS   VOLUME   CAPACITY   ACCESS MODES   STORAGECLASS
pvc1   Bound    pv1      10Gi       RWO            test
```

现在已经在 Kubernetes 集群上部署了一个名为 pv1 的 PV，它代表一个 10GB 的外部存储，并且还绑定了一个名为 pvc1 的 PVC。下面来看一下 Pod 是如何利用 PVC 来使用存储的。

多数情况下，我们基于 Deployment 和 StatefuSet 这种高层次的控制器来部署应用，不过为了简化示例，这里只部署一个 Pod。这样部署的 Pod 通常称为“单例”（singleton），在生产环境中并不建议这样部署，因为它并不具备高可用的特性，并且无法自愈。

以下的 YAML 文件用来部署一个单容器的 Pod，它有一个名为 data 的卷用到了刚刚创建的 PVC 和 PV 对象。这个名为 volPod.yml 的文件可以在本书 GitHub 库的 storage 目录下找到。

```
apiVersion: v1
kind: Pod
metadata:
  name: volPod
spec:
  volumes
  - name: data
```

```
    persistentVolumeClaim:
      claimName: pvc1
  containers:
  - name: ubuntu-ctr
    image: ubuntu:latest
    command:
    - /bin/bash
    - "-c"
    - "sleep 60m"
    volumeMounts:
    - mountPath: /data
      name: data
```

第一个与存储有关的配置是 spec.volumes。在这里定义了一个名为 data 的卷，它用到了前面创建的名为 pvc1 的 PVC。

通过执行 kubectl get pv 和 kubectl get pvc 命令可以看到已创建的名为 pvc1 的 PVC 与名为 pv1 的 PV 是绑定关系。kubectl describe pv pv1 命令还会显示 pv1 与一个 10GB 的名为 uber-disk 的 GCE 持久化磁盘是关联的。

使用如下命令部署 Pod。

```
$ kubectl apply -f volPod.yml
Pod/volPod created
```

此时执行 kubectl describe Pod volPod 命令也可以看到 Pod 已经成功使用了 data 卷和 pvc1 的 PVC。

在继续介绍如何使用存储类来动态使用存储之前，先对以上内容做一个快速的总结。

从外部存储系统上的存储资源说起。我们使用一个 CSI 插件将外部存储系统与 Kubernetes 集成，然后使用 PV 对象使外部存储在集群中可用。每一个 PV 在 Kubernetes 集群中都是一个能够对外部存储系统上的特定存储资源（LUN、共享、块等）进行映射的对象。最终，如果想让 Pod 使用 PV，需要一个 PVC。这就像是发给 Pod 的许可证，给了 Pod 使用 PV 的权限。一旦 PV 和 PVC 对象完成创建和绑定，该 PVC 就可以被一个 PodSpec 引用，以便在容器中将其关联的 PV 挂载为一个卷。

如果感觉这些内容有点难以理解，不用担心，在本章最后我们会在一个示例中综合重温一遍。

8.5 存储类和动态置备

前面介绍的内容是 Kubernetes 存储的基础，但是无法扩展——在一个大规模的 Kubernetes

环境中，手动创建和维护大量的 PV 和 PVC 是难以完成的任务。因此需要一些动态置备的手段。

有请存储类（Storage Class）出场。[①]

见名知意，存储类允许用户为存储定义不同的类或层（tier）。用户可以根据存储的类型来自行决定如何定义类。比如，有人可能会定义一个 fast 类、一个 slow 类和一个 encrypted 类。

目前在 Kubernetes 中，存储类被作为资源定义在 storage.k8s.io/v1 的 API 组中。资源类型是 StorageClass，用户可以在 YAML 文件中进行配置，然后 POST 到 API Server 中进行部署。在使用 kubectl 时，用户也可以使用 sc 作为简称来指代 StorageClass 对象。

> **注**：使用 kubectl api-resources 命令可以查看 API 资源列表及其简称。输出的信息中还包括：每个资源属于哪个 API 组（空的话表示属于 core API 组）、资源是否在命名空间中（namespaced），以及在编写 YAML 文件时的 kind 值。

8.5.1 存储类 YAML

以下是一个存储类 YAML 文件的简单例子。它定义了一个名为 fast 的存储类，存储后端是 AWS“爱尔兰”域 eu-west-1a 上的固态硬盘（io1）。它还定义性能级别为 10 IOPs/GB。

```
kind: StorageClass
apiVersion: storage.k8s.io/v1
metadata:
  name: fast
provisioner: kubernetes.io/aws-ebs
parameters:
  type: io1
  zones: eu-west-1a
  iopsPerGB: "10"
```

与其他 Kubernetes 的 YAML 文件类似，kind 告诉 API Server 现在定义的对象是什么类型，apiVersion 给出要部署资源的版本。metadata.name 用于指定要部署的对象的名字——例子中是 fast。provisioner 告诉 Kubernetes 使用哪个插件，parameters 的内容用于指定后端存储的具体信息。

以下是几点补充说明。

1. StorageClass 对象是不可变的——也就是说它在部署之后是不能修改的。

① 原文中出现的 StorageClass（中间无空格），通常指存储类对象，将不做翻译。——译者注

2. `metadata.name` 应当是有意义的，因为其他对象可能会用到它来代指某个类。

3. `provisioner` 和 `plugin` 两个术语可互相替换。

4. `parameters` 定义了与插件相关的值，每个插件可以支持其特有的一组参数。关于这部分的配置需要建立在对相关的存储插件及其关联的后端存储有一定了解的基础之上。

8.5.2 多个存储类

用户可以按需配置任意数量的 StorageClass 对象。不过每个 StorageClass 只能关联一个存储后端。比如，某 Kubernetes 集群有 StorageOS 和 Portworx 两个存储后端，则需要至少两个 StorageClass 对象。另外，每个存储后端可以提供多个存储的类/层，进一步对应多个 StorageClass 对象。举例来说，对于**同一个存储后端**，可以有如下两个 StorageClass 对象。

1. `fast-secure` 用于高速的加密卷。

2. `fast` 用于高速的非加密卷。

一个基于 Portworx 存储后端的加密卷的 StorageClass 可能定义如下（前提是需要有 Portworx 环境）。

```
kind: StorageClass
apiVersion: storage.k8s.io/v1
metadata:
  name: portworx-db-secure
provisioner: kubernetes.io/portworx-volume
parameters:
  fs: "xfs"
  block_size: "32"
  repl: "2"
  snap_interval: "30"
  io-priority: "medium"
  secure: "true"
```

可以看到，`parameters` 部分内容比较多，而且包括一些难以理解的值。这部分的配置需要对相关的插件和后端存储有充分的了解。配置细节可以查看相关插件的文档。

8.5.3 实现存储类

部署和使用 StorageClass 对象的基本流程如下。

1. 创建 Kubernetes 集群及其存储后端。

2. 确保与存储后端对应的插件是就绪的。

3. 创建一个 StorageClass 对象。
4. 创建一个 PVC 对象，并通过名称与 StorageClass 对象关联。
5. 部署一个 Pod，使用基于该 PVC 的卷。

请注意以上流程不包括创建 PV。这是因为存储类能够自动创建 PV。

以下的 YAML 代码片段包含对一个 StorageClass、一个 PVC 和一个 Pod 的定义。这 3 个对象可以被定义在同一个 YAML 文件中，只需要用 3 个中划线（---）隔开。

请留意 PodSpec 是如何通过名称引用 PVC 的，以及 PVC 是如何通过名称引用 SC（StorageClass）的。

```
kind: StorageClass
apiVersion: storage.k8s.io/v1
metadata:
  name: fast # 由 PVC 引用
provisioner: kubernetes.io.gce-pd
parameters:
  type: pd-ssd
---
apiVersion: v1
kind: PersistentVolumeClaim
metadata:
  name: mypvc  # 由 PodSpec 引用
  namespace: mynamespace
spec:
  accessModes:
  - ReadWriteOnce
  resources:
    requests:
      storage: 50Gi
  storageClassName: fast    # 匹配 SC 名称
---
apiVersion: v1
kind: Pod
metadata:
  name: myPod
spec:
  volumes:
    - name: data
      persistentVolumeClaim:
```

```
        claimName: mypvc   # 匹配 PVC 名称
  containers: ...
  <SNIP>
```

以上 YAML 文件是截取的，不包括完整的 PodSpec。

到目前为止，我们已经见过几个不同的 SC 的定义了。不过，由于对应的 provisioner（存储插件/后端）不同，各个定义也不尽相同。因此在部署前，需要查找存储插件的相关文档来了解各个 provisioner 所支持的选项。

8.6 节将会演示一个完整示例，不过在此之前，我们先对存储类进行一个简单的总结。

StorageClass 使我们无须手动创建 PV，只需要创建一个 StorageClass 对象，然后使用一个插件将其与某个具体的存储后端联系起来。比如在 AWS “孟买”域上的高性能 AWS SSD 存储。SC 需要有名称（name），并且需要在 YAML 文件中定义，然后用 `kubectl` 来部署。部署成功之后，StorageClass 会观察 API Server 上是否有新的被关联的 PVC 对象。当匹配的 PVC 出现时，StorageClass 会自动在后端存储系统上创建所需的卷，并在 Kubernetes 上创建 PV。

当然，还有更多细节，比如挂载选项（mount option）和卷绑定模式（volume binding mode）。不过以上介绍的内容已经足够入门了。

下面通过一个示例将所有的内容串起来。

8.6 示例

本节将会演示一个使用 StorageClass 的示例。基本的步骤如下。

1. 创建一个 StorageClass。
2. 创建一个 PVC。
3. 创建一个 Pod 来使用它们。

Pod 会通过 PVC 来映射一个卷，而 PVC 会触发 SC 来动态创建一个 PV，以及外部存储上的相关资源。本示例将运行在 Google 云平台上，并且假定已经拥有正确配置的 `kubectl`。

8.6.1 清理

如果跟进了前面的示例，那么可以用以下命令删除前面创建的 Pod、PVC 和 PV。

```
$ kubectl delete Pods volPod
Pod "volPod" deleted
```

```
$ kubectl delete pvc pvc1
persistentvolumeclaim "pvc1" deleted

$ kubectl delete pv pv1
persistentvolume "pv1" deleted
```

8.6.2 创建一个存储类

我们将使用下面的 YAML 文件来创建一个名为 `slow` 的 StorageClass，它基于 Google GCE 上的标准持久化磁盘。我们将不会涉及太多有关存储后端的细节内容，简单来说，我们使用的是一个性能不高的磁盘。YAML 中还对声明策略（reclaim policy）进行了设置，以便在释放 PVC 的绑定之后不会丢失数据。最后，我们使用注解（annotation）来尝试将其设置为集群的默认存储类。

以下的 YAML 文件名为 `google-sc.yml`，可以在本书 GitHub 库的 `storage` 目录下找到。

```
kind: StorageClass
apiVersion: storage.k8s.io/v1
metadata:
  name: slow
  annotations:
    storageclass.kubernetes.io/is-default-class: "true"
provisioner: kubernetes.io/gce-pd
parameters:
  type: pd-standard
reclaimPolicy: Retain
```

在部署这个 SC 之前说明两点。

1. 该示例在 Kubernetes 1.16.2 版本上通过测试。
2. 该示例使用注解在所测试版本的 Kubernetes 上设置默认存储类。这一方式在以后的 Kubernetes 版本中可能会变化。

执行如下命令部署 SC。

```
$ kubectl apply -f google-sc.yml
storageclass.storage.K8s.io/slow created
```

然后可以使用 `kubectl get sc slow` 和 `kubectl describe sd slow` 查看部署情况。

```
$ kubectl get sc slow
NAME             PROVISIONER              AGE
slow (default)   kubernetes.io/gce-pd     32s
```

8.6.3 创建一个 PVC

使用如下的 YAML 文件创建一个 PVC 对象来关联刚刚创建的 `slow` StorageClass。以下内容可见于本书 GitHub 库的 `storage` 目录下的 `google-pvc.yml` 文件。

```
apiVersion: v1
kind: PersistentVolumeClaim
metadata:
  name: pv-ticket
spec:
  accessModes:
  - ReadWriteOnce
  storageClassName: slow
  resources:
    requests:
      storage: 25Gi
```

请注意，PVC 名为 `pv-ticket`，它与 `slow` 存储类关联，声明的是一个 25GB 的卷。执行如下命令来部署它。

```
$ kubectl apply -f google-pvc.yml
persistentvolumeclaim/pv-ticket created
```

执行 `kubectl get pvc` 来查看部署情况。

```
$ kubectl get pvc pv-ticket
NAME        STATUS   VOLUME           CAPACITY   ACCESS MODES    STORAGECLASS
pv-ticket   Bound    pvc-881a23...    25Gi       RWO             slow
```

可见 PVC 已经绑定到 `pvc-881a23...` 卷上——我们不需要手动创建 PV。这一操作背后的原理如下。

1. 创建存储类 `slow`。
2. 创建一个监视 API Server 的轮询（loop），等待有新的 PVC 引用 `slow` 存储类。
3. 此时创建 PVC `pv-ticket`，请求绑定一个来自 **slow 存储类**的 25GB 的卷。
4. 存储类发现了该 PVC，然后动态创建所需的 PV。

执行以下命令来查看自动创建的 PV。

```
$ kubectl get pv
NAME          CAPACITY   Mode    STATUS   CLAIM        STORAGECLASS
pvc-881...    25Gi       RWO     Bound    pv-ticket    slow
```

此处为了适应本书宽度，删掉了部分列。

使用以下的 YAML 文件来定义一个单容器的 Pod。Pod 模板中指定一个名为 `data` 的卷使用 PVC `pvc-ticket`。容器将这个 `data` 卷挂载到了容器中的`/data` 目录。以下内容可以查看本书 GitHub 库 `storage` 目录下的 `google-Pod.yml` 文件。

```yaml
apiVersion: v1
kind: Pod
metadata:
  name: class-Pod
spec:
  volumes:
  - name: data
    persistentVolumeClaim:
      claimName: pv-ticket
  containers:
  - name: ubuntu-ctr
    image: ubuntu:latest
    command:
    - /bin/bash
    - "-c"
    - "sleep 60m"
    volumeMounts:
    - mountPath: /data
      name: data
```

执行 `kubectl apply -f google-Pod.yml` 来部署这个 Pod。

恭喜！相信读者已经完成了 StorageClass 的部署，并使用 PVC 动态创建了一个 PV。此外，还有一个 Pod 将该 PVC 作为卷挂载在其内的容器上。

8.6.4 清理

如果读者完整操作了本示例，那么现在应该有一个名为 `class-Pod` 的 Pod、一个使用 PVC `pv-ticket` 在 SC `slow` 上动态创建的卷。可以执行以下命令来删除这些对象。

```
$ kubectl delete Pod class-Pod
```

```
Pod "class-Pod" deleted

$ kubectl delete pvc pv-ticket
persistentvolumeclaim "pv-ticket" deleted

$ kubectl delete sc slow
storageclass.storage.k8s.io "slow" deleted
```

8.6.5 使用默认的 StorageClass

如果读者的集群中有一个默认存储类，那么可以仅使用一个 PodSpec 和一个 PVC 来部署 Pod，无须手动创建 StorageClass。不过，实际生产集群环境中通常有多个 StorageClass，因此最好创建和维护一个符合相应的业务系统需求的 StorageClass。默认的 StorageClass 通常仅在开发环境中，或没有具体的存储需求的情况下才会用到。

8.7 总结

本章谈到，Kubernetes 拥有一套强大的存储子系统，该子系统能够广泛利用各种类型的存储后端。

每一个存储后端都需要一个插件来让自身的存储资源在 Kubernetes 集群中得到使用，推荐的插件是 CSI 插件。启用插件后，就可以用 PV 来指代外部存储资源，用 PVC 来为 Pod 提供对 PV 的访问能力。

存储类使应用可以动态地请求存储资源。我们可以通过创建 StorageClass 对象来指代存储后端的一个类/层。一旦存储类创建完成，就会持续监视 API Server 上是否有引用自身的 PVC 出现。在匹配的 PVC 出现后，SC 就会动态创建存储并使其以 PV 卷的形式挂载在 Pod（容器）中。

第 9 章 ConfigMap

多数的业务系统由两部分组成。

- 应用执行程序。
- 配置。

像 Nginx 或 httpd（Apache）等 Web Server，脱离了配置文件就无从施展。不过一旦应用程序与配置文件一起，就所向披靡。

以往，我们将应用和配置一起置于一个易于部署的包中。在云原生微服务应用出现的早期，我们也采用了类似的做法。不过这一模式与云原生世界是不相容的。云原生微服务应用应当将应用和配置解耦，其优点如下。

- 可重用的应用镜像。
- 更容易测试。
- 更简单、更少的破坏性改动。

随着本章内容的深入，将对以上几点予以解释。

本章内容将分为如下 3 个部分。

- 概述。
- ConfigMap 原理。
- ConfigMap 实战。

9.1 概述

上面提到，多数应用程序由两部分组成：应用执行程序和配置。在基于 Kubernetes 的云原生微服务应用中，这并未改变。不过核心理念是将这两种组件解耦——它们将被分别构建和存储，然后在运行时进行结合。

下面通过例子来帮助理解其中的好处。

9.1.1 简单的例子

想象一下，张三所在的公司将应用部署在 Kubernetes 上，其中有 3 个独立的环境。

- dev。
- test。
- prod。

公司的研发人员开发和更新应用程序，这时的基础测试是在 dev 环境中运行的。全面而严格的测试是在 test 环境中运行的。最终，通过测试的组件会被上线到 prod 环境。

各个环境中运行的方式都有所不同，比如节点数量、节点配置、网络和安全策略，一系列不同的凭证和证书等。

目前的策略是将各个微服务程序和配置放在一起（程序和配置被打包在同一个构件中）。这样的话，需要对每一个业务应用执行如下所有操作。

- 构建 3 个不同的镜像（分别部署到 dev、test 和 prod）。
- 将镜像存储在 3 个不同的库中（dev、test 和 prod）。
- 在不同的环境中运行不同版本的镜像（dev、test 和 prod）。

对配置的每次改动，都需要构建一个新的镜像，然后还要进行线上的滚动升级——即使只是简单地改了个拼写错误或者字号、颜色。

9.1.2 例子分析

将程序和配置打包到一个构件（容器镜像）中有多方面的不足。

由于 dev、test 和 prod 环境有不同的特点，因此需要针对每个环境构建不同的镜像。因为这些差异的存在，prod 的镜像无法运行在 dev 和 test 环境中。从而需要创建和维护 3 份应用，这会带来更多的复杂性，以及更大的出差错的风险。

另外，还需要在 3 个不同的仓库中存储 3 个镜像。不仅如此，还要仔细处理各个构件仓库的权限。prod 的镜像中通常包含一些敏感的线上配置信息、密码、密钥等，而这些是不应该让研发和测试工程师获取到的。

还有一点，当某次升级中同时包含应用程序和配置的更新时，对其进行问题排查就更加困难。如果程序和配置紧密耦合，那么故障原因也难以区分。而且，即使是对配置的小改动（例如修改 Web 页面上的一个拼写错误），也需要重新打包、测试和部署包括程序和配置在内的整个应用。

9.1.3 解耦的世界

继续以张三的公司为例，不过方式有了变化。这一次，应用程序和配置是解耦的。

- 构建的镜像可以被所有 3 个环境共享。
- 镜像被保存在一个构件仓库中。
- 在所有的环境中都运行同一版本的镜像。

为了实现这一点，就需要构建的应用程序镜像尽可能通用，尽可能不包含配置。然后在独立的对象中创建和保存配置信息，并在运行时将配置信息注入应用中。举例说明，张三现在有一个 Web Server，可以部署到所有 3 个环境中，当部署到 prod 环境的时候，就使用 prod 的配置；当部署到 dev 的时候，就使用 dev 的配置。

在这种模式下，只需要构建和测试一个版本的应用镜像，然后将其保存到一个仓库中。所有的人都可以从镜像仓库中获取这个镜像，因为其中并不包含任何敏感信息。最终，可以独立地对程序和配置分别进行更新——更新一个简单的拼写错误再也不需要重新构建和部署整个应用程序和配置了。

那么 Kubernetes 是如何来实现的呢？

9.2 ConfigMap 原理

Kubernetes 通过提供一个名为 ConfigMap（CM）的对象，将配置数据从 Pod 中剥离出来。使用它可以动态地在 Pod 运行时注入数据。

注：当提到 Pod 的时候，实际上是指 Pod 及其所有的容器。毕竟最终是 Pod 内的容器获取了配置数据。

ConfigMap 是 Kubernetes 中位于 core API 组的一等公民，并且版本是 v1。

- 它是稳定的（v1）。
- 它已经出现了一定时间了（它位于 core API 组中）。
- 可以使用 Kubectl 命令来操作它。
- 可以使用 YAML 文件来定义和部署它。

ConfigMap 通常用于存储如下的非敏感配置数据。

- 环境变量的值。
- 整个配置文件（比如 Web Server 的配置和数据库的配置）。
- 主机名（hostname）。
- 服务端口（Service port）。
- 账号名称（Account name）。

我们不应使用 ConfigMap 来存储诸如凭证和密码等的敏感数据。Kubernetes 提供了另一种名为 Secret 的对象来存储敏感数据。Secret 和 ConfigMap 在设计和实现上是非常类似的，主要的区别就在于 Kubernetes 会对保存在 Secret 中的值进行混淆。当然，要混淆 ConfigMap 中的数据也是轻而易举的。

9.2.1 ConfigMap 如何工作

概括来说，ConfigMap 是保存配置数据的地方，它可以无缝地将配置注入运行中的容器，并且能够被应用以一种方便的方式使用。

下面深入挖掘一下细节原理。

在后台，ConfigMap 是一个保存有一组键值对（key/value pair）的 map，每一个键值对称为一个 **entry**。

- **key** 是一个可以包含字母、数字、中划线、点和下划线的名称。
- **value** 可以包含任何内容，包括换行符。
- **key** 和 **value** 之间用冒号隔开——key:value。

举两个简单的例子。

- `db-port:13306`。
- `hostname:msb-prd-db1`。

下面的例子更加复杂，它保存了整个配置文件。

```
key:conf value:

directive in;
main block;
http {
  server {
    listen          80 default_server;
    server_name     *.msb.com;
    root            /var/www/msb.com;
    index           index.html

    location / {
      root   /usr/share/nginx/html;
      index  index.html;
    }
  }
}
```

在数据被保存到 ConfigMap 之后，可以通过以下任一种途径注入运行的容器中。

- 环境变量。
- 容器启动命令的参数。
- 某个卷（volume）上的文件。

所有的方法都可以被现有的应用无缝使用。事实上，应用程序可以通过任意方式——环境变量、启动命令参数、文件——获取到配置数据。应用程序并不知道数据来自于 ConfigMap。如图 9.1 所示。

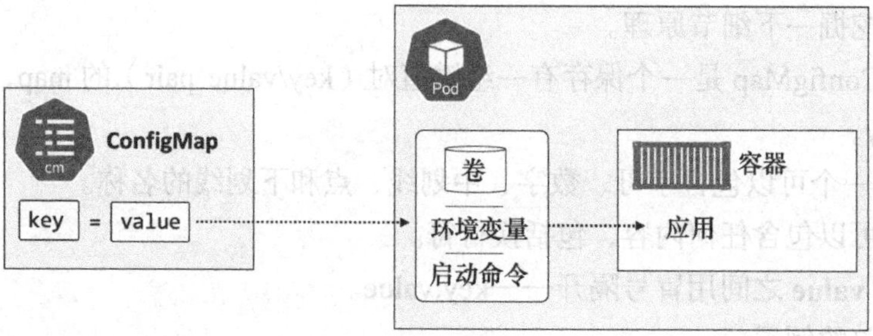

图 9.1

这 3 种方式中最灵活的是卷的方式，最受限制的是*启动命令*的方式。本书将会依次介绍这 3 种方式，不过在开始之前，先简单了解一下 Kubernetes 原生应用。

9.2.2 ConfigMap 与 Kubernetes 原生应用

所谓 Kubernetes 原生应用，是指知道自己运行在 Kubernetes 上的、能够查询 Kubernetes API 的应用。因此，Kubernetes 原生应用能够通过 API 直接访问 ConfigMap 数据，而无须使用类似环境变量或卷的方式。这一点能够简化应用的配置，但是应用只能运行在 Kubernetes 上。至本书编写时，Kubernetes 原生应用还比较少见。

9.3 ConfigMap 实战

与其他的 Kubernetes 对象一样，ConfigMap 可以通过命令式和声明式的方式创建。首先看一下命令式的方法。

9.3.1 命令式创建 ConfigMap

命令式地创建 ConfigMap 的命令是 `kubectl create configmap`，`configmap` 可以简写为 `cm`。命令接受两种数据来源。

- 命令行中的字面值（--from-literal）。
- 命令行中指定的文件（--from-file）。

执行如下命令来创建一个名为 testmap1 的 ConfigMap，其中包含两个通过命令行字面值传入的 entry。

```
$ kubectl create configmap testmap1 \
  --from-literal shortname=msb.com \
  --from-literal longname=magicsandbox.com
```

以下命令可以用来查看这两个 entry 是如何保存在 map 中的。

```
$ kubectl describe cm testmap1
Name:         testmap1
Namespace:    default
Labels:       <none>
Annotations:  <none>

Data
====
shortname:
----
msb.com
longname:
----
magicsandbox.com
Events: <none>
```

由此可见，这个 testmap1 就是一个被包装为 Kubernetes 对象的键值对 map。map 中的两个 entry 就是在命令中指定的——Entry1：shortname=msb.com；Entry2：longname=magicsandbox.com。

下一个命令将通过一个名为 cmfile.txt 的文件来创建一个 ConfigMap（假定在当前目录下有一个名为 cmfile.txt 的文件）。文件中的内容是下面的一段单行的文本，读者也可以在本书的 GitHub 库 configmaps 目录下复制它。

```
Magic Sandbox, hands-on learning that blurs the lines between training and the real world.
```

执行如下命令基于文件内容来创建 ConfigMap。注意，命令中使用了--from-file 参数来代替--from-literal。

```
$ kubectl create cm testmap2 --from-file cmfile.txt
configmap/testmap2 created
```

针对这个 ConfigMap 执行 describe 命令的结果包括以下 3 个。

- 一个 map 的 entry 被创建。
- entry 的 **key** 就是文件的名称（cmfile.txt）。
- entry 的 **value** 是文件的内容。

```
$ kubectl describe cm testmap2
Name:         testmap2
Namespace:    default
Labels:       <none>
Annotations:  <none>

Data
====
cmfile.txt:
----
Magic Sandbox, hands-on learning that blurs the lines between training and the real world.
Events:  <none>
```

9.3.2 查看 ConfigMap

ConfigMap 是一等 API 对象。因此我们可以像对其他 API 对象一样查看和查询 ConfigMap。上面已经提到 kubectl describe 命令，除此之外，其他的 kubectl 命令也可以使用。kubectl get 命令可以列出所有的 ConfigMap，并且可以使用-o yaml 和-o json 参数从集群存储中拉取完整的配置。

执行 kubectl get 来遍历当前命名空间中的所有 ConfigMap。

```
$ kubectl get cm
AME       DATA   AGE
testmap1  2      11m
testmap2  1      2m23s
```

在执行 kubectl get 命令的时候使用-o yaml 参数来显示对象的完整配置，以及其他有趣的信息。

```
$ kubectl get cm testmap1 -o yaml
apiVersion: v1
data:
  longname: magic-sandbox
  shortname: msb
```

```
kind: ConfigMap
metadata:
  creationTimestamp: "2019-10-27T11:42:23Z"
  name: testmap1
  namespace: default
  resourceVersion: "39223"
  selfLink: /api/v1/namespaces/default/configmaps/testmap1
  uid: 0b2f5daa-5905-419c-a1bc-0289e32fdead
```

有趣的是，ConfigMap 对象没有状态（期望状态和当前状态）的概念。因此它没有 `spec` 和 `status` 部分，取而代之的是 `data`。

在介绍如何将 ConfigMap 的数据注入 Pod 之前，先完成关于声明式创建 ConfigMap 的介绍。

9.3.3 声明式创建 ConfigMap

下面的 ConfigMap 配置定义了两个 entry：`firstname` 和 `lastname`。其内容来自本书 GitHub 库的 configmap 目录下的 `multimap.yml`。当然，读者也可以创建空文件从头编写。

```
kind: ConfigMap
apiVersion: v1
metadata:
  name: multimap
data:
  given: Nigel
  family: Poulton
```

可见 ConfigMap 配置中有普通的 `kind` 和 `apiVersion`，以及 `metadata` 字段。不过，就像前面提到的，它没有 `spec` 部分，而是在 `data` 中定义键值映射。

执行如下命令来部署它（命令假定在当前目录下有名为 `multimap.yml` 的文件）。

```
$ kubectl apply -f multimap.yml
configmap/multimap created
```

接下来的 YAML 显得更加复杂——它定义了只有一个 entry 的 map，不过由于 entry 的 **value** 部分是一个完整的配置文件，显得比较复杂。

```
kind: ConfigMap
apiVersion: v1
metadata:
  name: test-conf
```

```
data:
  test.conf: |
    env = plex-test
    endpoint = 0.0.0.0:31001
    char = utf8
    vault = PLEX/test
    log-size = 512M
```

这个 YAML 中在 entry 的 **key** 之后有一个管道符号（|）。它告诉 Kubernetes 这个符号之后的所有内容都需要被作为一个字面值来看待。因此，这个名为 `test-config` 的 ConfigMap 对象包含一个 entry。

- **key**: `test.conf`。
- **value**: `env=plex-test endpoint=0.0.0.0:31001 char=utf8 vault= PLEX/test log-size=512M`。

使用下面的 `kubectl` 命令可以部署 ConfigMap。命令假定本地有一个名为 `singlemap.yml` 的文件。

```
$ kubectl apply -f singlemap.yml
configmap/test-conf created
```

查看刚刚创建的 `multimap` 和 `test-conf` 两个 ConfigMap。以下是使用 `kubectl describe` 命令来查看 `test-conf` 的结果。

```
$ kubectl describe cm test-conf
Name:          test-conf
Namespace:     default
Labels:        <none>
Annotations:   kubectl.kubernetes.io/last-applied-configuration:
               {"apiVersion":"v1","data":{"test.config":"env =
                plex-test\nendpoint = 0.0.0.0:31001\nchar = utf8
                \nvault = PLEX/test\nlog-size = 512M\n"},"...

Data
====
test.config:
----
env = plex-test
endpoint = 0.0.0.0:31001
char = utf8
vault = PLEX/test
```

```
log-size = 512M

Events:  <none>
```

ConfigMap 非常灵活，可以被用来向运行中的 Pod 注入复杂的配置文件，比如 JSON 文件，甚至脚本。

9.3.4 将 ConfigMap 数据注入 Pod 和容器

前面介绍了如何通过命令式或声明式的方法创建 ConfigMap 对象。下面探讨一下如何将其中的数据注入运行的容器中。

目前有 3 种将 ConfigMap 数据注入容器的途径。

- 作为环境变量。
- 作为容器启动命令的参数。
- 作为某个卷上的文件。

下面依次来介绍它们。

1. ConfigMap 与环境变量

把 ConfigMap 数据注入容器的常见方式是通过环境变量。首先，创建 ConfigMap；然后，将其 entity 映射到位于 Pod template 的 container 部分的环境变量中。当容器启动的时候，环境变量会以标准 Linux 或 Windows 环境变量的形式出现在容器中。

如图 9.2 所示。

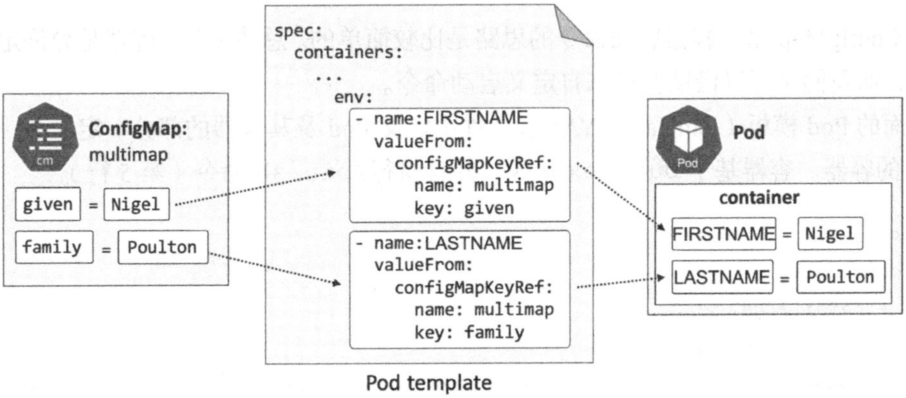

图 9.2

从图中可知，目前有一个 ConfigMap multimap，它有两个值。

- given=Nigel。

- family=Poulton。

中间 Pod template 定义了两个将会出现在容器中的环境变量。

- FIRSTNAME：与 ConfigMap multimap 的 given entry 映射。
- LASTNAME：与 ConfigMap multimap 的 family entry 映射。

在 Pod 被调度、容器被创建之后，FIRSTNAME 和 LASTNAME 会作为标准的 Linux 环境变量出现在容器中。从而可以被运行在容器中的应用使用。

本书 GitHub 库的 configmaps 目录下有一个名为 evnPod.yml 的部署文件。执行下面的命令来部署该 Pod，然后列出包含字符串 name 的环境变量——可以看到 FIRSTNAME 和 LASTNAME 两个环境变量。它们是来自 ConfigMap multimap 的值。

```
$ kubectl apply -f envPod.yml
Pod/envPod created

$ kubectl exec envPod -- env | grep NAME
HOSTNAME=envPod
FIRSTNAME=Nigel
LASTNAME=Poulton
```

将 ConfigMap 作为环境变量来使用是有缺点的，即环境变量是静态的。也就是说，所有对 ConfigMap 的更新操作并不会影响到运行中的容器。比如，即使更新了 ConfigMap 中 given 和 family 的值，容器中的环境变量也并不会有变化。

2. ConfigMap 与容器启动命令

将 ConfigMap 用于容器启动命令的思路是比较简单的。总体来说，容器是允许定义启动命令的，而我们又可以借助变量来自定义启动命令。

下面的 Pod 模板（template，YAML 文件中定义 Pod 及其容器的部分）定义了一个名为 args1 的容器。容器基于 busybox 镜像，并且执行/bin/sh 命令（第5行）。

```
spec:
  containers:
   - name: args1
     image: busybox
     command: [ "/bin/sh", "-c", "echo First name $(FIRSTNAME) last name $(LASTNAME)" ]
     env:
       - name: FIRSTNAME
         valueFrom:
           configMapKeyRef:
```

```
              name: multimap
              key: given
        - name: LASTNAME
          valueFrom:
            configMapKeyRef:
              name: multimap
              key: family
```

仔细看启动命令会发现，其中有两个变量：FIRSTNAME 和 LASTNAME。它们是在 env 部分进行的具体定义。

- FIRSTNAME 基于 ConfigMap multimap 的 given entry。
- LASTNAME 基于同一个 ConfigMap 的 family entry。

其关系如图 9.3 所示。

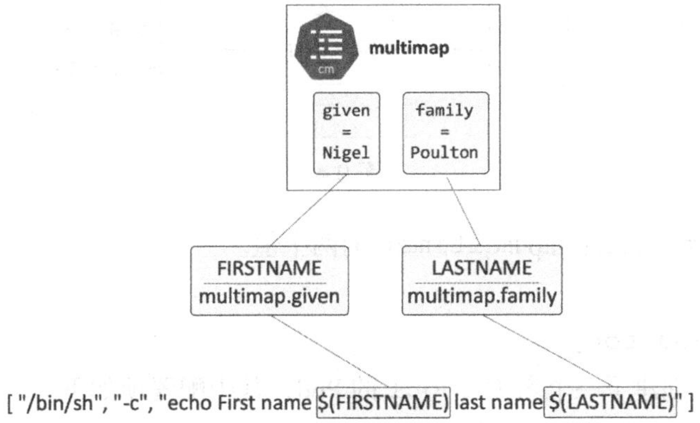

图 9.3

运行以上 YAML 部署的 Pod 时，将会打印“First name Nigel last name Poulton”到容器的日志文件。因此，可以通过执行 kubectl logs <Pod-name> -c args1 来查看容器日志。

若执行 describe 命令，则会得到以下描述 Pod 环境变量的内容。

```
Environment:
  FIRSTNAME:  <set to the key 'given' of config map 'multimap'>
  LASTNAME:  <set to the key 'family' of config map 'multimap'>
```

在容器的启动命令中使用 ConfigMap，也会遇到和作为环境变量使用的时候同样的限制——对 ConfigMap 的更新不会同步到已运行的容器中。

3. ConfigMap 与卷

将 ConfigMap 与卷结合是最灵活的方式。这种方式是对整个配置文件的应用，因此对

ConfigMap 进行更新也会同步到运行的容器中。也就是说，我们可以在部署完容器之后再去更新 ConfigMap 中的值，这些变动对容器中运行的应用来说是可见的。

通过卷导入 ConfigMap 的步骤大体如下。

1. 创建一个 ConfigMap。
2. 在 Pod 模板中创建一个 *ConfigMap 卷*。
3. 将 *ConfigMap 卷*挂载到容器中。
4. ConfigMap 中的 entry 会分别作为单独的文件出现在容器中。

如图 9.4 所示。

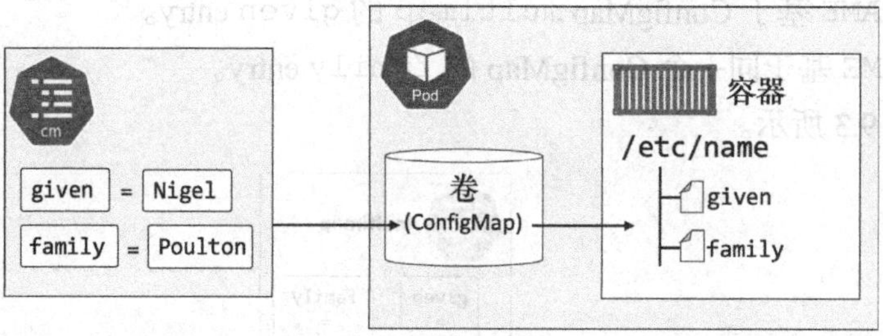

图 9.4

如此仍然会得到 ConfigMap `multimap` 的两个值。

- `given=Nigel`。
- `family=Poulton`。

下面的 YAML 创建了一个名为 `cmoul` 的 Pod，其中配置项如下。

- `spec.volumes` 创建了一个基于 ConfigMap **multimap** 的名为 **volmap** 的卷。
- `spec.containers.volumeMounts` 将 **volmap** 卷挂载到`/etc/name`。

```
apiVersion: v1
kind: Pod
metadata:
  name: cmvol
spec:
  volumes:
    - name: volmap
      configMap:
        name:multimap
  containers:
    - name: ctr
      image: nginx
```

```
volumeMounts:
  - name: volmap
    mountPath: /etc/name
```

我们来细细研究一下。

spec.volumes 创建了一个特殊类型的卷，称为 ConfigMap 卷。卷的名称是 volmap，它基于 ConfigMap multimap。这意味着卷中的内容将来自 ConfigMap 的 data 部分定义的各个 entry。这个例子的卷中有两个文件：given 和 family。given 文件的内容是 Nigel，family 文件的内容是 Poulton。

在 spec.containers 中将 volmap 卷挂载到了容器的/etc/name。也就是说在容器中，两个文件的路径如下。

- /etc/name/given。
- /etc/name/family。

执行下面的命令来部署这个容器（来自 cmvol.yml 部署文件），然后执行 kubectl exec 命令来列出/etc/name 目录下的文件。

```
$ kubectl apply -f cmPod.yml
Pod/cmvol created

$ kubectl exec volPod -- ls /etc/name
family
given
```

9.4 总结

ConfigMap 是 Kubernetes 提供的用于将应用和配置进行解耦的机制。

ConfigMap 是 Kubernetes API 中的一等对象，可通过 kubectl create、kubectl get 和 kubectl describe 命令来进行创建和管理。它可用于保存应用的配置参数，甚至完整的配置文件，但不应被用于保存敏感数据。

ConfigMap 是在容器运行时注入的，它可以通过环境变量、容器启动命令和卷这 3 种途径注入容器。卷的方式是最灵活的，容器能够以文件的形式获取配置，同时还可将对 ConfigMap 的更新同步到已运行的容器中。

第 10 章 StatefulSet

本章将介绍如何在 Kubernetes 中使用 *StatefulSet* 来部署和管理有状态的应用。

为了便于讨论，本书认为有状态的应用是指会生成并保存有价值的数据的应用。比如，如果一个应用会保存客户端的会话数据，并在之后的会话中使用它，那么就可以被认为是有状态的应用。其他的例子还包括数据库等数据存储型应用。

本章内容将从以下两部分展开。

- StatefulSet 原理。
- StatefulSet 实战。

10.1 节将介绍 StatefulSet 的工作方式和使用场景。如果这一节中有些内容无法完全理解，也请不要担心，在实战环节将会再次巩固学习相关内容。

10.1 StatefulSet 原理

对比 StatefulSet 和 Deployment 将有助于我们理解 StatefulSet。二者都是 Kubernetes API 中的一等对象，并且遵循典型的 Kubernetes 控制器架构。这些控制器都通过启动对 API Server 的监听循环来观察集群状态，以便能够及时将当前状态调整至与期望状态保持一致。Deployment 和 StatefulSet 都支持自愈、自动扩缩容、滚动更新等特性。

当然，StatefulSet 与 Deployment 还是有显著不同的，StatefulSet 能够确保以下几点。

- Pod 的名字是可预知和保持不变的。
- DNS 主机名是可预知和保持不变的。
- 卷的绑定是可预知和保持不变的。

以上 3 个属性构成了 Pod 的*状态*，有时也被成为 Pod 的状态 ID（stick ID）。状态 ID 在即使发生故障、扩缩容，以及其他调度操作之后，依然保持不变，从而使 StatefulSet 适用于那些要求 Pod 保持不变的应用中。

举个简单的例子，由 StatefulSet 管理的 Pod，在发生故障后会被新的 Pod 代替，不过依然保持相同的名字、相同的 DNS 主机名和相同的卷。即使新的 Pod 在另一个节点上启动，亦是如此。然而 Deployment 管理下的 Pod 就无法实现这一点。

下面的 YAML 代码是一个典型的 StatefulSet 的定义（部分属性）。

```
apiVersion: apps/v1
kind: StatefulSet
metadata:
  name: tkb-sts
spec:
  selector:
    matchLabels:
      app: mongo
  ServiceName: "tkb-sts"
  replicas: 3
  template:
    metadata:
      labels:
        app: mongo
    spec:
      containers:
      - name: ctr-mongo
        image: mongo:latest
        ...
```

这个 StatefulSet 的名字是 tkb-sts，它定义了 3 个基于 mongo:latest 镜像运行的 Pod 副本。如果将该 YAML 文件 POST 到 API Server，并保存到集群存储中，那么具体的创建工作将被安排给集群的节点。其中，StatefulSet 控制器负责监控集群状态，并确保当前状态与期望状态保持一致。

以上描述过于泛泛，下面我们来探讨一下 StatefulSet 的主要特性，然后再通过例子进行更加深入的体会。

10.1.1 StatefulSet 中 Pod 的命名

由 StatefulSet 管理的所有 Pod 都会获得一个可预知的、保持不变的名字。这些 Pod 名字对于其启动、自愈、扩缩容、删除、附加卷等操作都非常重要。

StatefulSet 的 Pod 名字遵循<StatefulSetName>-<Integer>的规则。其中 Integer 是一个从零开始的索引号，也就是“一个从 0 开始的整数”。被 StatefulSet 创建的第一个 Pod 的索引号为“0”，之后的 Pod 的索引号依次递增。对于前面提到的 YAML 文件来说，第一个 Pod 的名为 `tkb-sts-0`，第二个名为 `tkb-sts-1`，第三个名为 `tkb-sts-2`。

请注意，StatefulSet 的名字必须是有效的 DNS 名字，不能使用奇怪的字符！很快读者就会知道原因。

10.1.2 按序创建和删除

关于 StatefulSet 的另一个基本特性就是，对 Pod 的启动和停止是受控和有序的。

StatefulSet 每次仅创建一个 Pod，并且总是等前一个 Pod 达到运行且就绪状态之后才开始创建下一个 Pod。而 Deployment 在使用 ReplicaSet 控制器创建 Pod 时则是并行开始的，这可能会引发潜在的竞态条件（race condition）。

对于前面的 YAML 文件的例子，`tkb-sts-0` 会最先启动，并且在达到运行且就绪状态之后，StatefulSet 控制器才会创建 `tkb-sts-1`。对于 `tkb-sts-2` 也是同样的待遇。如图 10.1 所示。

图 10.1

注： *所谓运行且就绪，表示 Pod 中所有的容器都处于运行状态，且能够对请求提供服务。*

扩缩容操作也遵循同样的规则。例如，当从 3 个副本扩容到 5 个副本时，会启动一个名为 `tkb-sts-3` 的新 Pod，并且等待其处于运行且就绪状态之后，再创建 `tkb-sts-4`。当缩容时，则遵循相反的规则：控制器会首先终止拥有最高索引号的 Pod，等待其被完全删除之后，再继续删除下一个拥有最高索引号的 Pod。

在缩容的时候 Pod 是被依序而非并行删除的，这对于许多的有状态应用来说意义重大。例如，对于数据存储类的集群化应用来说，如果多个副本是被同时删除的话，会面临数据丢失的风险。StatefulSet 将确保这种情况不会发生，此外，还可以借助 `terminationGracePeriodSeconds` 这样的参数来调整间隔时间，以控制缩容速度。因此，StatefulSet 对于数据存储类的集群化应用来说提供了许多有益帮助。

最后需要说明，StatefulSet 控制器能够自行完成自愈和扩缩容。而 Deployment 是通过一个独立的 ReplicaSet 控制器来完成这些操作的，二者从架构上是不同的。

10.1.3 删除 StatefulSet

在删除 StatefulSet 时，需要重点考虑两个问题。

删除一个 StatefulSet 并不是按序依次终止所有 Pod 的，因此，也许在删除 StatefulSet 之前首先将其缩容至 0 是个不错的主意。

我们可以使用 `terminationGracePeriodSeconds` 来调整间隔时间。通常应至少将该参数设置为 10，以便让 Pod 中的应用能够有机会将本地缓存中的数据落盘，以及安全地提交进行中的写入操作。

10.1.4 卷

卷是 StatefulSet Pod 的状态 ID 中的重要组成部分。

当一个 StatefulSet Pod 被创建时，所需的卷也会被创建，同时其命名方式也有助于确保能够连接到正确的 Pod。图 10.2 中是一个名为“ss”的 StatefulSet，它有 3 个副本。从图中可以看出每一个 Pod 和卷（PVC）都是通过名字建立正确的绑定关系的。

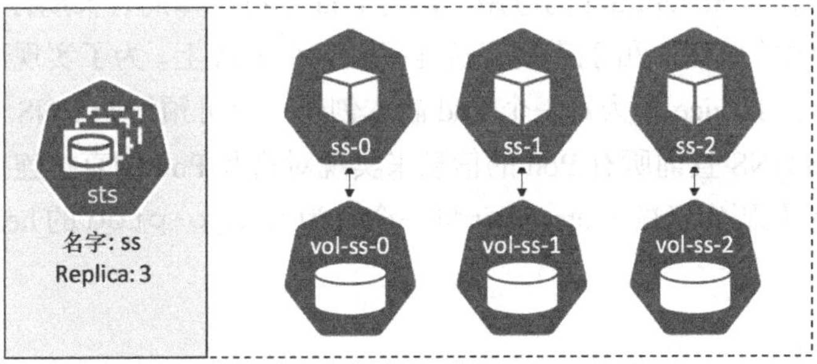

图 10.2

卷与 Pod 通过 Kubernetes 持久化卷子系统架构（PersistentVolumes 和 PersistentVolumeClaim）实现了解耦。这意味着，卷和 Pod 都有各自独立的生命周期，从而可以避免卷受到 Pod 的故障和删除操作的影响。举例来说，即使一个 StatefulSet 的 Pod 发生故障或被删除，其关联的卷也不会受影响。因此，当进行 Pod 的替换时，只需要再次连接同一个卷即可。即使替换的新 Pod 被调度到另一个节点上时，亦是如此。

上述操作同样适用于扩缩容。如果 StatefulSet 的一个 Pod 在缩容操作中被删除，则当 StatefulSet 被再次扩容时，新增的 Pod 会通过名字的匹配，继续连接到之前已存在的卷上。

当不小心删除一个 StatefulSet 的 Pod 时——尤其当删除的是最后一个 Pod 副本时——这一特性有助于避免数据丢失。

10.1.5 故障处理

StatefulSet 控制器会监控集群的状态，并尽力保持当前状态与期望状态是同步的。最常见的场景就是发生 Pod 故障时。假设一个名为 `tkb-stsd` 的 StatefulSet 有 5 个副本，当 `tkb-sts-3` 发生故障，控制器会启动一个同名的新 Pod 来替换故障 Pod，并连接到同一个卷上。

不过，假设发生故障的 Pod 在 Kubernetes 替换掉它之后恢复正常，这时候就有了两个同样的 Pod，它们位于同一个网络，连接同一个卷。这有可能导致数据损坏。因此，StatefulSet 控制器在进行故障处理时会非常小心。

节点宕机的情况也是非常难以处理的。假如，Kubernetes 失去了某个节点的连接，它如何知道该节点是永久宕机，还是临时的故障（比如网络抖动、网络分区、Kubelet 错误、节点重启）？情况可能会更加复杂，控制器可能由于 Kubelet 无法接收到指令而无法强制删除 Pod。因此，在 Kubernetes 替换故障节点上的 Pod 之前，是需要人工干预的。

10.1.6 网络 ID 和 headless Service

前面提到，部署为 StatefulSet 的应用，认为 Pod 是可预知的、长期存在的。因此，应用中的其他组件或其他的应用，可能需要直接连接到某个 Pod 上。为了实现这一点，StatefulSet 使用了一个 headless Service 来为每一个 Pod 副本创建一个可预知的 DNS 主机名。从而，其他应用可以通过向 DNS 查询所有 Pod 的信息来实现对这些 Pod 的直接连接。

下面的 YAML 代码定义的 StatefulSet 将一个名为 `mongo-prod` 的 headless Service 作为 governing Service。

```
apiVersion: v1
kind: Service
metadata:
  name: mongo-prod
spec:
  clusterIP: None
  selector:
    app: mongo
    env: prod
---
apiVersion: apps/v1
kind: StatefulSet
metadata:
```

```
  name: sts-mongo
spec:
  ServiceName: mongo-prod
```

下面解释一下 headless Service 和 governing Service 两个术语。

所谓的 headless Service，就是一个将 `spec.clusterIP` 设置为 `None` 的常规 Kubernetes Service 对象。当这个 headless Service 被设置为 StatefulSet 的 `spec.ServiceName` 时，它就成为了 StatefulSet 的 governing Service。

在二者如此关联之后，Service 会为所匹配的每个 Pod 副本创建 DNS SRV 记录。其他 Pod 可以通过对 headless Service 发起 DNS 查询来获取 StatefulSet 的信息。本章后续会针对这一用法进行实战介绍，显然，应用本身应该是知道如何进行这样的操作的。

原理部分的介绍就是这些，下面通过一个例子贯穿这些原理来进一步理解 StatefulSet。

10.2 StatefulSet 实战

本节我们将部署一个 StatefulSet。请注意，本节的例子是为了说明 StatefulSet 的工作原理，帮助我们加深理解，而并非生产环境中的配置方式。

本节的例子可以运行在 GCP 和 GKE 的 Kubernetes 集群上。本书的 GitHub 库中包含可运行于其他云平台上的 YAML 文件。

所有相关的 YAML 文件都位于本书 GitHub 库的 `StatefulSet` 目录下，可执行如下命令来克隆代码库。

```
$ git clone https://github.com/nigelpoulton/Thek8sBook.git
```

整个实战过程，我们会部署 3 个对象：StorageClass、headless Service 和 StatefulSet。

为了便于解释，每个对象都进行单独分析和部署。当然，也可以将它们放到一个 YAML 文件中，用 3 个中划线隔开即可（见代码库 `StatefulSet` 目录下的 `app.yml` 文件）。

10.2.1 部署 StorageClass

StatefulSet 需要使用能够自动创建的卷。因此需要以下两个对象。

- StorageClass（SC）。
- PersistentVolumeClaim（PVC）。

以下的代码来自 `/StatefulSets/gcp-sc.yml` 文件，其中定义了一个名为 `flash` 的 StorageClass 对象，它能够动态置备来自 GCP 的 SSD 卷（`type=pd-ssd`），这些卷基于 GCP 持久化磁盘 CSI 驱动（`pd.csi.storage.gke.io`）。因此，只有运行在 GCP 或 GKE

上的、启用了 CSI 驱动的 Kubernetes 集群方可正常工作。而在诸如 AWS、AZure 和 Linode 等其他云平台上创建 StorageClass 的 YAML 文件也可以在代码库中找到。

```
apiVersion: storage.k8s.io/v1
kind: StorageClass
metadata:
  name: flash
provisioner: pd.csi.storage.gke.io
volumeBindingMode: WaitForFirstConsumer
allowVolumeExpansion: true
parameters:
  type: pd-ssd
```

部署 StorageClass（请确保使用适合读者实验环境的 YAML 文件）。

```
$ kubectl apply -f gcp-sc.yml
storageclass.storage.k8s.io/flash created
```

查看 StorageClass 是否创建成功。

```
$ kubectl get sc
NAME   PROVISIONER           RECLAIMPOLICY   VOLUMEBINDINGMODE      ALLOWEXPANSION AGE
flash  pd.csi.storage.gke.io Delete          WaitForFirstConsumer true            5s
```

现在 StorageClass 已经就位，PersistentVolumeClaim（PVC）可以基于它来动态创建新的卷了。稍后我们会回来讨论它。

10.2.2 创建一个 governing headless Service

当讨论到 headless Service 时，为了帮助理解，我们可以将 Service 想象为一个包含头和身的对象。所谓头，就是暴露在网络上的固定的 IP，而身则是 Service 所匹配的所有 Pod。因此，一个 headless Service（无头 Service）就是没有 ClusterIP 的 Service 对象。

以下 YAML 代码来自 `StatefulSets/headless-svc.yml`，它定义了一个名为 `dullahan` 的没有 IP 地址（`spec.clusterIP: None`）的 headless Service。

```
apiVersion: v1
kind: Service
metadata:
  name: dullahan
  labels:
    app: web
```

```
spec:
  ports:
  - port: 80
    name: web
  clusterIP: None
  selector:
    app: web
```

与普通 Service 的唯一不同就在于，headless Service 必须将 `clusterIP` 设置为 `None`。

当 headless Service 关联到一个 StatefulSet 时，会为每个匹配到 StatefulSet 的 Pod 创建可预知的固定 DNS 解析项。在后续环节我们将会看到这一点。

部署 headless Service。

```
$ kubectl apply -f headless-svc.yml
Service/tkb-sts created
```

查看部署情况。

```
$ kubectl get svc
NAME         TYPE        CLUSTER-IP   EXTERNAL-IP   PORT(S)    AGE
kubernetes   ClusterIP   10.0.0.1     <none>        443/TCP    145m
dullahan     ClusterIP   None         <none>        80/TCP     10s
```

10.2.3 部署 StatefulSet

现在 StorageClass 和 headless Service 都已就绪，是时候部署 StatefulSet 了。

以下的 YAML 代码来自 `StatefulSets/sts.yml` 文件，其中定义了一个 StatefulSet。请注意，该 StatefulSet 的配置仅用于学习目的，并不适用于生产级别的部署。

```
apiVersion: apps/v1
kind: StatefulSet
metadata:
  name: tkb-sts
spec:
  replicas: 3
  selector:
    matchLabels:
      app: web
  ServiceName: "dullahan"
  template:
```

```
    metadata:
      labels:
        app: web
    spec:
      terminationGracePeriodSeconds: 10
      containers:
      - name: ctr-web
        image: nginx:latest
        ports:
        - containerPort: 80
          name: web
        volumeMounts:
        - name: webroot
          mountPath: /usr/share/nginx/html
  volumeClaimTemplates:
  - metadata:
      name: webroot
    spec:
      accessModes: [ "ReadWriteOnce" ]
      storageClassName: "flash"
      resources:
        requests:
          storage: 1Gi
```

有太多内容需要解释，下面依次介绍。

该 StatefulSet 的名字是 tk-sts。名字是很重要的，因为它的所有 Pod 副本都基于这个名字——都以 tkb-sts 为前缀。

spec.replicas 属性定义了 3 个 Pod 副本，它们将分别被命名为 tsk-sts-0、tsk-sts-1、tsk-sts-2。它们会被依序创建，并且 StatefulSet 控制器会在等待当前所创建的 Pod 达到运行且就绪状态后才会创建下一个。

spec.ServiceName 属性指定了 governing Service。其名字是前面创建的 headless Service，它会为每一个 StatefulSet 的 Pod 创建一个对应的 DNS SRV。而之所以被称为 governing Service，是由于它负责管理该 StatefulSet 所有的 DNS 子域名。

之后的 spec.template 部分定义了 Pod 的模板，包括容器的镜像、暴露的端口等。

最后一段非常重要的内容是 spec.volumeClaimTemplates 部分。

本章前面提到，StatefulSet 对存储的需求是希望能够动态创建所使用的卷。因此用到了 StorageClass 和 PersistentVolumeClaim（PVC）。

现在 StorageClass 已经就位备用。不过，关于 PVC 却存在一个有趣的挑战。

StatefulSet 的每一个 Pod 都需要拥有独立的存储。这意味着每个 Pod 需要自己的 PVC。然而这是不可能的，因为每个 Pod 都是基于同一个 template 创建的。这样就得提前为每个 Pod 创建好 PVC，这也不好办，因为还要考虑到 StatefulSet 可能会扩容或缩容。

显然，这里需要一个更加聪明的基于 StatefulSet 的方案。这也是 volumeClaimTemplate（卷申请模板）出现的原因。

总体来说，volumeClaimTemplate 用于在每次创建一个新的 Pod 副本的时候，自动创建一个 PVC。它还能够自动为 PVC 命名，以便实现与 Pod 的准确关联。如此，在 StatefulSet 的配置中，template 部分用来定义 Pod 的模板，而 volumeClaimTemplate 部分则用来定义 PVC。

下面的 YAML 代码是例子中 StatefulSet 应用的 `volumeClaimTemplate` 部分。它定义了一个名为 `webroot` 的申请模板，从前面创建的 `flash` StorageClass 中申请一个 10GB 的卷。

```
volumeClaimTemplates:
- metadata:
    name: webroot
  spec:
    accessModes: [ "ReadWriteOnce" ]
    storageClassName: "flash"
    resources:
      requests:
        storage: 10Gi
```

在 StatefulSet 对象部署之后，会创建 3 个 Pod 副本以及 3 个 PVC。

部署该 StatefulSet，并观察所创建的 Pod 和 PVC。

```
$ kubectl apply -f sts.yml
statefulset.apps/tkb-sts created
```

观察 StatefulSet 创建这 3 个副本的过程。整个过程可能会持续几分钟，期间会创建 3 个 Pod 及其关联的 PVC，每一个 Pod 都需要达到“运行且就绪”的状态才会创建下一个。

```
$ kubectl get sts --watch
NAME      READY   AGE
tkb-sts   0/3     10s
tkb-sts   1/3     23s
tkb-sts   2/3     46s
tkb-sts   3/3     69s
```

根据输出可知，第一个 Pod 是在大约 23s 的时候创建好的。然后再分别花费 23s 创建第二个和第三个 Pod。

查看 PVC。

```
$ kubectl get pvc
NAME                STATUS   VOLUME              CAPACITY   MODES   STORAGECLASS   AGE
webroot-tkb-sts-0   Bound    pvc-1146...f274     10Gi       RWO     flash          86s
webroot-tkb-sts-1   Bound    pvc-3026...6bcb     10Gi       RWO     flash          63s
webroot-tkb-sts-2   Bound    pvc-2ce7...e56d     10Gi       RWO     flash          40s
```

此时系统中有 3 个 PVC，每一个都是与对应的 StatefulSet Pod 同时创建的。不难发现，PVC 的名字与 StatefulSet 的名字及其关联的 Pod 名字有关。具体的格式为 volumeClaimTemplate 名字，后跟通过中划线连接的 PVC 所关联的 Pod 的名字。

```
Pod Name      |     PVC Name
tkb-sts-0    <->    webroot-tkb-sts-0
tkb-sts-0    <->    webroot-tkb-sts-1
tkb-sts-0    <->    webroot-tkb-sts-2
```

此时，StatefulSet 已经处于运行状态了，应用的各个副本也都开始正常执行了。

10.2.4 测试点对点发现

前面提到，与 StatefulSet 配合的 headless Service 会为每个与该 StatefulSet 匹配的 Pod 创建 DNS SRV 记录。现在已经有 1 个 headless Service 和 3 个 StatefulSet Pod 在运行了，所以也应该有 3 个 DNS SRV 记录——每个 Pod 对应一个。

不过，在开始测试之前，还是有必要花费一点时间来探讨 DNS 主机名和 DNS 子域名在 StatefulSet 中是如何发挥作用的。

默认情况下，Kubernetes 会将所有对象置于 `cluster.local` 这个 DNS 子域名下。当然，它是可以被用户自定义的，不过多数的实验环境还是使用这个子域名，因此我们的例子也是假定使用该子域名。如此，Kubernetes 会将 DNS 全限定域名进行如下格式的拼接。

```
<object-name>.<Service-name>.<namespace>.svc.cluster.local
```

`svc` 表明对象是被 Service 管理的。

目前我们有 3 个名为 `tkb-sts-0`、`tkb-sts-1`、`tkb-sts-2` 的 Pod，它们被 `dullahan` headless Service 管理。那么这 3 个 Pod 的全限定 DNS 域名如下。

- `tkb-sts-0.dullahan.default.svc.cluster.local`。

- tkb-sts-1.dullahan.default.svc.cluster.local。
- tkb-sts-2.dullahan.default.svc.cluster.local。

为了方便测试，需要准备一个安装有 DNS dig 工具的测试 Pod。然后 exec 进入 Pod，使用 dig 向 DNS 查询 dullahan.default.svc.cluster.local 子域名中的 SRV。

安装测试 Pod 的 YAML 文件请见本书 GitHub 库的/StatefulSets/jump-Pod.yml。

```
$ kubectl apply -f jump-Pod.yml
Pod/jump-Pod created
```

进入测试 Pod 执行命令。

```
$ kubectl exec -it jump-Pod -- bash
root@jump-Pod:/#
```

此时的终端已经连接到测试 Pod，执行以下命令。

```
$ dig SRV dullahan.default.svc.cluster.local
<Snip>
;; ADDITIONAL SECTION:
tkb-sts-0.dullahan.default.svc.cluster.local. 30 IN A 10.24.1.25
tkb-sts-2.dullahan.default.svc.cluster.local. 30 IN A 10.24.1.26
tkb-sts-1.dullahan.default.svc.cluster.local. 30 IN A 10.24.0.17
<Snip>
```

该查询命令返回了每个 Pod 的 DNS 全限定名和 IP。其他应用，当然也包括该应用自身，都可以使用这种方式来查找 StatefulSet 的所有 Pod。

当然，这种方法能够奏效的前提是，应用必须知道 StatefulSet 的 governing Service 的名字，而且 StatefulSet 的 Pod 必须匹配该 governing Service 的 Label 筛选器。

10.2.5 StatefulSet 扩缩容

当 StatefulSet 进行扩容的时候，都会创建一个 Pod 和一个 PVC。不过，当 StatefulSet 进行缩容的时候，Pod 会被删除而 PVC 仍然保留。也就是说，将来再次进行扩容操作的时候只需要创建一个新的 Pod 即可，新 Pod 会连接保留的 PVC。这其中的 Pod 和 PVC 的映射关系由 StatefulSet 控制器负责跟踪和管理。

目前我们有 3 个 StatefulSet Pod 副本和 3 个 PVC。编辑 sts.yml 文件，将副本数从 3 改为 2。保存之后，执行以下命令将 YAML 文件 POST 到集群。

```
$ kubectl apply -f sts.yml
statefulset.apps/tkb-sts configured
```

查看 StatefulSet 的状态，确认 Pod 的个数减少为 2 个。

```
$ kubectl get sts tkb-sts
NAME      READY   AGE
tkb-sts   2/2     14m

$ kubectl get Pods
NAME        READY   STATUS    RESTARTS   AGE
tkb-sts-0   1/1     Running   0          15m
tkb-sts-1   1/1     Running   0          15m
```

可见 Pod 副本的数量已经降为 2，拥有最高索引号的 Pod 已经被删除。不过，PVC 仍有 3 个——请记住，缩容和删除 Pod 副本的操作不会删除相关联的 PVC。执行命令予以确认。

```
$ kubectl get pvc
NAME                STATUS   VOLUME             CAPACITY  MODES  STORAGECLASS  AGE
webroot-tkb-sts-0   Bound    pvc-1146...f274   10Gi      RWO    flash         15m
webroot-tkb-sts-1   Bound    pvc-3026...6bcb   10Gi      RWO    flash         15m
webroot-tkb-sts-2   Bound    pvc-2ce7...e56d   10Gi      RWO    flash         15m
```

可见所有的 PVC 还都在，也就是说如果再次扩容到 3 个副本的话，将只需要创建一个新的 Pod 即可。“幸存”的 PVC 名为 webroot-tkb-sts-2，StatefulSet 控制器将会自动将其连接到新的索引号为 2 的 Pod。

编辑 sts.yml 文件，将副本数改回 3 并保存。然后将 YAML 文件再次 POST 到 API Server。

```
$ kubectl apply -f sts.yml
statefulset.apps/tkb-sts configured
```

等待几秒后，新的 Pod 被部署，然后执行以下命令验证。

```
$ kubectl get sts tkb-sts
NAME      READY   AGE
tkb-sts   3/3     20m
```

Pod 数量又回到了 3 个。检查 PVC webroot-tkb-sts-2 是否挂载到了正确的 Pod 上。

```
$ kubectl describe pvc webroot-tkb-sts-2 | grep Mounted
Mounted By:    tkb-sts-2
```

如果有任何 Pod 处于失效状态，那么缩容操作将会被暂停。这是出于保护应用的弹性

（resiliency）和数据完整性的考虑。

最后要说明，我们还可以通过 StatefulSet 的 `spec.PodManagementPolicy` 属性来调控 Pod 的启动和停止的顺序。

该属性的默认设置是 `OrderedReady`，这也就是前面介绍的按序管理策略。我们可以通过将这个属性设置为 `Parallel`，使 StatefulSet 对所有 Pod 的创建和删除操作是并行进行的，这与 Deployment 是类似的。比如，在执行从副本数 2 到 5 的扩容操作时，会立即同时创建 3 个新的 Pod，而执行从 5 到 2 的缩容操作时，同样也是同时删除 3 个 Pod。StatefulSet 的命名规则依然不变，并且该属性的设置只是作用于扩缩容操作，而对滚动升级是没有影响的。

10.2.6 执行滚动升级

StatefulSet 支持滚动升级，执行该操作的时候只需要在 YAML 中更新镜像版本，然后 POST 到 API Server 即可。通过认证和鉴权后，StatefulSet 控制器会用新 Pod 替换旧 Pod。不过，升级操作总是从索引号最大的 Pod 开始，每次更新一个 Pod，直至最小索引号的 Pod。控制器同样会等新 Pod 达到运行且就绪状态后才会继续更新下一个 Pod。

更多信息请执行`$ kubectl explain sts.spec.updateStrategy`来了解。

10.2.7 模拟 Pod 故障

最简单的模拟 Pod 故障的方式就是手动删除一个 Pod，这并不会导致 PVC 被删除。这时，StatefulSet 控制器会检测到当前状态与期望状态的不一致，发现一个 Pod 已经被删除，然后启动一个新的同样的 Pod 来补位。这个新 Pod 的名字和所连接的 PVC 保持不变。

下面我们来测试一下。

在开始之前确保 StatefulSet 中有 3 个健康的 Pod。

```
$ kubectl get Pods
NAME         READY    STATUS     AGE
tkb-sts-0    1/1      Running    37m
tkb-sts-1    1/1      Running    37m
tkb-sts-2    1/1      Running    18m
```

我们将删除名为 `tkb-sts-0` 的 Pod。不过在开始之前，先用`$ kubectl describe` 命令来确认一下 PVC 是否被正确连接。当然，这种确认并无太大必要，因为可以从 volumeClaimTemplate 和 StatefulSet 的名字推断出 PVC 的名字。不过，确认一下也无妨。

```
$ kubectl describe Pod tkb-sts-0
Name:          tkb-sts-0
Namespace:     default
<Snip>
Status:        Running
IP:            10.24.1.13
<Snip>
Volumes:
  webroot:
    Type:       PersistentVolumeClaim (a reference to a PersistentVolumeClaim...)
    ClaimName: webroot-tkb-sts-0
<Snip>
```

基于以上输出内容可知以下几点。

- Name：tkb-sts-0。
- PVC：webroot-tkb-sts-0。

下面，我们删除 tkb-sts-0 这个 Pod，然后看 StatefulSet 控制器是否能够重建它。

```
$ kubectl delete Pod tkb-sts-0
Pod "tkb-sts-0" deleted

$ kubectl get Pods --watch
NAME        READY   STATUS              RESTARTS   AGE
tkb-sts-1   1/1     Running             0          43m
tkb-sts-2   1/1     Running             0          24m
tkb-sts-0   0/1     Terminating         0          43m
tkb-sts-0   0/1     Pending             0          0s
tkb-sts-0   0/1     ContainerCreating   0          0s
tkb-sts-0   1/1     Running             0          34s
```

通过在命令末尾添加--watch，可以看到 StatefulSet 控制器的处理过程，它注意到有 Pod 被删除，然后创建了一个新的来补位——期望状态是 3 个副本，但是当前状态降至 2。由于故障比较清晰且便于验证，因此控制器能够迅速开始创建新的 Pod。

由命令输出可见，新的 Pod 依然采用发生故障的 Pod 的名字，那么 PVC 是否也是一致的呢？

从以下命令可以得出肯定的答案。

```
$ kubectl describe Pod tkb-sts-0 | grep ClaimName
    ClaimName: webroot-tkb-sts-0
```

10.2.8 删除 StatefulSet

本章前面提到，删除 StatefulSet 并不会按序依次删除 Pod。因此，如果读者的应用希望 Pod 能够依次关闭，那么应当首先将 StatefulSet 缩容至 0，然后再执行删除操作。

将 StatefulSet 缩容至 0 副本并确认。这个过程可能需要数秒。

```
$ kubectl scale sts tkb-sts --replicas=0
statefulset.apps/tkb-sts scaled

$ kubectl get sts tkb-sts
NAME      READY   AGE
tkb-sts   0/0     86m
```

StatefulSet 已经没有任何副本，此时可以删除它了。

```
$ kubectl delete sts tkb-sts
statefulset.apps "tkb-sts" deleted
```

当然，也可以通过 YAML 文件来删除 StatefulSet：`$ kubectl delete -f sts.yml`。

此时不妨再次 `exec` 到测试 Pod，然后执行 `dig` 命令来确认 SRV 记录是否已经被从 DNS 中删除了。

这时，StatefulSet 对象已经被删除了，不过 headless Service、StorageClass 和测试 Pod 还在。请自行删除它们。

10.3 总结

本章介绍了如何创建 StatefulSet 和管理有状态应用。

StatefulSet 支持自愈、扩容和缩容、滚动升级。回滚操作需要人工干预。

StatefulSet 创建的每一个 Pod 副本都有可预知且保持不变的名字、DNS 主机名和独立的卷。这些都伴随 Pod 的整个生命周期，包括故障处理、重启、扩缩容及其他调度操作。事实上，StatefulSet Pod 的名字与扩缩容操作和关联存储卷操作是息息相关的。

不过，StatefulSet 只是一个框架。另外，应用在进行内部实现时需要配合 StatefulSet 的特性才能充分利用 StatefulSet 的优势。

第 11 章　安全模型分析

系统安全性比以往任何时候都更加重要，Kubernetes 也不例外。好在，我们可以借助多种手段来提高 Kubernetes 的安全性，这些方法将在第 12 章展开讨论。不过在此之前，我们有必要对一些常见的安全威胁进行模型分析。

11.1　安全模型

安全模型分析（Thread modeling）即找出系统薄弱点的过程，它将有助于我们采取合理的措施来避免或降低安全风险。本章将采用 **STRIDE** 模型来对 Kubernetes 进行分析。

STRIDE 定义了 6 种潜在威胁。

- 伪装（Spoofing）。
- 篡改（Tampering）。
- 抵赖（Repudiation）
- 信息泄露（Information Disclosure）。
- 拒绝服务（Denial of Service）。
- 提升权限（Elevation of Privilege）。

虽然这个模型很棒，不过请注意，没有任何模型能够确保覆盖所有潜在的安全威胁。不过，这样的模型有助于提供一种能够完整地审视系统的结构性方法。

本章下面的内容将逐一分析这几类威胁。对于每一项威胁，本书将首先进行一个简要的介绍，然后探讨一些能够用于 Kubernetes 的，防范和降低安全威胁的方法。

本章并不尝试涵盖所有内容，而是一种启发式的抛砖引玉。

11.2　伪装

所谓伪装（Spoofing），即冒充某物或某人。在信息安全领域，主要是指为了获得更多的系统权限，而冒充另一个人或主体。

我们来看一下 Kubernetes 的用户认证是如何来防范“伪装”的。

11.2.1 与 API Server 的安全通信

Kubernetes 是由许多小的组件共同协作、组合而成的，其中包括诸如 API Server、控制器管理（Controller manager）、调度器（scheduler）、集群存储（cluster store）等控制层组件，还包括 Kubelet 和容器运行时等节点组件（node component）。每一个组件都有相应的一组权限，以便与其他组件进行交互和对集群作出变更。虽然 Kubernetes 实现了一套最小权限模型（least-privilege model），但是对任何一个组件的伪装都有可能导致不可预知的灾难性的结果。

所幸，Kubernetes 所实现的安全模型，要求组件使用 mutual TSL（mTLS）认证。这就要求通信双方（发送方和接收方）必须通过加密的签名证书来相互认证。Kubernetes 借助自旋证书（auto-rotating certificates）进一步简化了这一过程。不过仍需着重考虑以下问题。

1. 通常，Kubernetes 会在部署过程中自动生成一个自签名的证书颁发机构（Certificate Authority, CA），这个 CA 将为集群的所有组件颁发证书。虽然聊胜于无，但是恐怕对于生产环境来说是不够的。

2. mutual TLS 的安全性依赖于颁发证书的 CA。对 CA 安全性的忽视也会危及整个 mTLS 层。所以，请确保 CA 的安全！

一种比较好的方法是，确保由 Kubernetes 内部 CA 颁发的证书仅在集群内部被使用和认可。这需要在批准证书签名请求的时候保持严谨，还需要确保 Kubernetes 的 CA 不会被系统外的任何组件设置为可信 CA。

在前面的章节中提到，所有与 Kubernetes 的交互都经由 API Server 处理，并需通过认证和鉴权。无论对内部还是外部的组件来说都是如此。因此，API Server 需要一种认证内部或外部资源的方式。一种比较好的方式是拥有两对可信的密钥——分别用于认证内部组件和外部组件。为了实现这一点，Kubernetes 利用一个内部自签名的 CA 向内部组件颁发密钥，而外部组件的密钥则交由至少一个第三方 CA 来颁发（显然，Kubernetes 需要将这些第三方 CA 配置为可信的）。这样的配置确保了 API Server 既能够信任来自内部组件的、由集群自签名 CA 颁发的证书，又能够信任来自外部组件的、由第三方 CA 签名的证书。

11.2.2 Pod 间的安全通信

与针对集群的伪装攻击类似，针对“应用与应用间”的伪装攻击的威胁同样不可忽视。这种攻击通常发生在伪装为某个 Pod 的时候。好在，我们可以利用 Kubernetes Secret 将证书挂载到 Pod，来对 Pod 进行安全认证。

每一个 Pod 都有一个关联的 ServiceAccount，它用于在集群内部为该 Pod 提供身份证明。Kubernetes 在具体实现时，会自动将一个服务账号令牌（Service account token）作为 Secret 挂载到每一个 Pod 中。有两点需要说明。

- 该服务账号令牌是被允许访问 API Server 的。
- 多数 Pod 恐怕并不需要访问 API Server。

鉴于这两点，对于不需要与 API Server 进行通信的 Pod，我们建议将其 automount ServiceAccountToken 属性设置为 false。具体如下。

```
apiVersion: v1
kind: Pod
metadata:
  name: Service-account-example-Pod
spec:
  ServiceAccountName: some-Service-account
  automountServiceAccountToken: false
  <Snip>
```

如果需要挂载服务账号令牌，那么有些非默认的配置需要了解一下。

- expirationSeconds。
- audience。

这两项配置分别用来设置令牌的过期时间，和限制令牌只能对哪些主体有效。下面的例子来自 Kubernetes 官方文档，其中对令牌设置了 1h 的过期时间，并限制了其只能用于投影卷（projected volume）中的 vault audience。

```
apiVersion: v1
kind: Pod
metadata:
  name: nginx
spec:
  containers:
  - image: nginx
    name: nginx
    volumeMounts:
    - mountPath: /var/run/secrets/tokens
      name: vault-token
  ServiceAccountName: my-Pod
  volumes:
  - name: vault-token
```

```
projected:
  sources:
  - ServiceAccountToken:
      path: vault-token
      expirationSeconds: 3600
      audience: vault
```

11.3 篡改

篡改（tampering）即进行恶意修改。在信息安全领域，篡改行为通常出于以下目的。

- 拒绝服务：篡改资源使其不可用。
- 提高权限：篡改资源以便获取额外的权限。

篡改攻击难以避免，通常的应对策略就是让被篡改的内容变得更加“显眼”。药物包装就是常见的非信息安全领域的例子。大多数的非处方药的包装盒有防干扰密封。如果药物被动手脚，这种密封就会被撕坏，从而方便消费者鉴别。

那么 Kubernetes 集群中有哪些组件可能会被动手脚呢？

11.3.1 对 Kubernetes 组件的篡改

如果以下 Kubernetes 组件被动手脚，将可能导致问题。

- etcd。
- 配置文件：API Server、Controllermanager、scheduler 和 Kubelet。
- 容器运行时的二进制程序。
- 容器镜像。
- Kubernetes 的二进制程序。

篡改行为通常发生于传输和保存过程中。“传输”表示数据通过网络被发送时，“保存”表示数据被存储在内存或磁盘上时。

TLS 能够确保数据的完整性，因此它是保护数据免于在传输过程中受到篡改攻击的很好的工具。当篡改行为发生时，TLS 机制能够予以识别。

以下的建议有助于防范对保存在 Kubernetes 集群中数据的篡改攻击。

- 严格限制对运行有 Kubernetes 的服务器的访问，尤其是部署了 Kubernetes 控制层组件的节点。
- 严格限制对保存有 Kubernetes 配置文件的库的访问。
- 仅在最初部署 Kubernetes 时进行远程 SSH 访问（记得安全保管读者的 SSH 密钥）。

- 对于下载的二进制文件一定进行 SHA-2 校验和的查验。
- 严格限制对镜像仓库及相关库的访问。

以上虽未穷尽所有举措，但是如果能够付诸实施，将会显著降低数据被篡改的风险。

除了上面列举的内容，对重要的二进制和配置文件进行审计和监控在生产环境中是很好的确保安全的方式。在正确的配置和监控下，这些举措将有助于检测潜在的篡改攻击。

下面的例子使用了一种常见的 Linux 审计工具来审计对 Docker 二进制文件的访问。它还能审计到对二进制文件属性的修改。

```
$ auditctl -w /var/lib/docker -p rwxa -k audit-docker
```

本章稍后将会再次回到这个例子。

11.3.2 对运行在 Kubernetes 中的应用的篡改

与 Kubernetes 组件一样，其中运行的应用也是潜在的受篡改攻击的目标。

若要使一个运行中的 Pod 免遭篡改攻击，设置其文件系统为只读模式是一种不错的办法。这样可以确保文件系统是不可修改的，我们可以通过在部署文件中设置 Pod 安全策略（Pod security policy）或指定 securityContext 的属性值来配置它。

注：PodSecurityPolicy 对象是相对比较新的功能，它允许用户强制对集群中的所有 Pod 或指定的一组 Pod 进行安全设置。它可以被用来设置通用的安全属性，而无须研发和运维人员为每一个 Pod 进行设置。

我们可以通过将 `readOnlyRootFilesystem` 属性设置为 `true`，使容器的 root 文件系统配置为只读。刚才提到，这个属性可以通过 PodSecurityPolicy 对象或 Pod 的部署文件进行设置。对于挂载到容器中的文件系统，则可以通过 `allowedHostPaths` 属性来设置。

下面是一个演示如何在 Pod 部署文件中进行设置的例子。`allowedHostPaths` 的配置使挂载在`/test` 下的内容是只读的。

```
apiVersion: v1
kind: Pod
metadata:
  name: readonly-test
spec:
  securityContext:
    readOnlyRootFilesystem: true
    allowedHostPaths:
```

```
  - pathPrefix: "/test"
    readOnly: true
```

如果用 PodSecurityPolicy 来配置的话，如下所示。

```
apiVersion: policy/v1beta1  # 将来的版本会有变化
kind: PodSecurityPolicy
metadata:
  name: tampering-example
spec:
  readOnlyRootFilesystem: true
  allowedHostPaths:
  - pathPrefix: "/test"
    readOnly: true
```

11.4 抵赖

简单来说，抵赖（repudiation）就是制造对某事的不确定性。不可抵赖（non-repudiation）则是提供证据（以证实某事）。在信息安全的范畴内，不可抵赖就是证明某些个体进行了某些操作。

具体来说，“不可抵赖”包含了能够提供以下证据（下列问题的答案）的能力。

- 发生了什么？
- 什么时间发生的？
- 谁让其发生的？
- 在哪里发生的？
- 为什么发生？
- 如何发生的？

要想回答后两个问题，通常需要一段时间内的多个相关事件的信息。

好在，Kubernetes 中对 API Server 事件的审计（auditing）功能有助于回答以上问题。下面是一个 API Server 审计事件（audit event）的例子（可能需要手动启用 API Server 的审计功能）。

```
{
  "kind":"Event",
  "apiVersion":"audit.k8s.io/v1",
  "metadata":{ "creationTimestamp":"2019-03-03T10:10:00Z" },
  "level":"Metadata",
```

```
    "timestamp":"2019-03-03T10:10:00Z",
    "auditID":"7e0cbccf-8d8a-4f5f-aefb-60b8af2d2ad5",
    "stage":"RequestReceived",
    "requestURI":"/api/v1/namespaces/default/persistentvolumeclaims",
    "verb":"list",
    "user": {
      "username":"fname.lname@example.com",
      "groups":[ "system:authenticated" ]
    },
    "sourceIPs":[ "123.45.67.123" ],
    "objectRef": {
      "resource":"persistentvolumeclaims",
      "namespace":"default",
      "apiVersion":"v1"
    },
    "requestReceivedTimestamp":"2010-03-03T10:10:00.123456Z",
    "stageTimestamp":"2019-03-03T10:10:00.123456Z"
}
```

虽然 API Server 是 Kubernetes 进行大多数操作的中心组件，但是并非唯一需要审计的组件。我们至少还应该收集来自容器运行时、Kubelet 和各个应用的审计日志。当然，这里还未提到对网络防火墙之类的审计。

如果要收集来自多个组件的日志，那么就需要一个中心化的日志库来实现对事件的保存和关联分析。一种常见的做法是借助 DaemonSet 在所有节点部署代理程序（agent），由代理程序收集日志（运行时、Kubelet、应用等）并发送至一个安全的中心日志库。

这种实现方式的前提是，中心化的日志库必须是安全的。如果日志库被动手脚，那么日志将不可靠，其内容也将不是“不可抵赖”的。

为了实现对篡改二进制和配置文件这种行为的“不可抵赖性”，可以运行后台审计程序来监测对 Kubernetes 各节点上指定文件或目录的写操作。比如在 11.3 节的例子中我们启用了对 Docker 二进制文件进行的审计监控。这时候如果通过执行 docker run 命令来启动一个新容器，则会生成一个类似如下的事件。

```
type=SYSCALL msg=audit(1234567890.123:12345): arch=abc123 syscall=59 success=yes
exit=0 a0=12345678abc\ a1=0 a2=abc12345678 a3=a items=1 ppid=1234 pid=1234 auid=
0 uid=0 gid=0 euid=0 suid=0 fsuid=0 egid=0 s\ gid=0 fsgid=0 tty=pts0 ses=1 comm=
"docker" exe="/var/lib/docker" subj=system_u:object_r:container_runt\ ime_exec_t:s0
key="audit-docker" type=CWD msg=audit(1234567890.123:12345): cwd="/home/firstname"
type=PATH msg=audit(1234567890.123:12345): item=0 name="/var/lib/docker" inode=123456
```

```
dev=fd:00 mode=0\ 100600 ouid=0 ogid=0 rdev=00:00
obj=system_u:object_r:container_runtime_exec_t:s0
```

有了这样的日志，配合 Kubernetes 的审计功能，就能够构建一个复杂而又可信的事件脉络，这是不可抵赖的。

11.5 信息泄露

信息泄露（information disclosure）主要是指敏感数据的泄露。许多事情都可能导致信息泄露的情况发生，比如将无安全保护的 USB 设备落在飞机上，数据存储被黑，API 不小心暴露了敏感数据等。

11.5.1 保护集群数据

在 Kubernetes 中，所有的集群配置都保存在集群存储中（目前是 `etcd`），包含网络和存储配置、以 Secret 形式保存的密码等敏感数据。显然，这会使集群存储成为被攻击的首要目标。

我们应当至少对运行有集群存储程序的节点进行访问限制和审计。不过在下面将会看到，在获取到节点的访问权限之后，用户可以绕过一些安全层。

Kubernetes 1.7 引入了对 Secret 对象的加密功能，不过它并不是默认开启的。即使默认开启，数据加密密钥（Data Encryption Key, DEK）也是与 Secret 保存在同一个节点上的！也就是说，一旦登录到节点上，就可以绕过加密。这对于运行有集群存储的节点（etcd 节点）是一种隐患。

好在，Kubernetes 1.11 启用了一个 beta 特性，允许将密钥加密密钥（key encryption key, KEK）保存在集群之外。这种密钥被用来对数据加密密钥（DEK）进行加解密，是应当被妥善保管的。具体可以考虑使用硬件安全模块（Hardware Security Module, HSM）或云上的密钥管理存储（Key Management Store, KMS）来保存密钥加密密钥。

请留意后续版本的 Kubernetes 在 Secret 加密方面的更多改进。

11.5.2 保护 Pod 中的数据

前面提到，Kubernetes 提供了一种名为 Secret 的 API 资源，以用来保存和分享诸如密码等的敏感数据。比如，一个前端容器要访问加密的后端数据库，就需要持有一个能够解密数据库的密钥，该密钥以 Secret 的形式提供。这种方式比起将密钥保存在 text 文件或环境变量中要好得多。

我们经常将数据和配置信息保存在独立于 Pod 和容器的 PersistentVolume 或 ConfigMap 中，如果这些数据是加密的，那么用来解密的密钥也应当保存在 Secret 中。

在这种情况下，请一定考虑前面提到的有关 Secret 及加密密钥如何保存的方案。读者一定不希望面临在锁门之后误将钥匙落在门内的窘境吧。

11.6 拒绝服务

拒绝服务（Denial of Service, DoS）攻击的目的在于使服务不可用。攻击方式有多种，最广为熟知的方式是通过对系统施加超高负载使其无法继续提供服务。对于 Kubernetes 来说，潜在的威胁就是用高负载攻击 API Server 使其瘫痪（即使重要的系统级服务也无法与 API Server 通信）。

下面我们一起看一下哪些 Kubernetes 组件可能成为 DoS 攻击的目标，以及如何进行防范。

11.6.1 保护集群资源免于 DoS 攻击

关于如何对多节点分布式系统的控制平面实现高可用（High Availability, HA），有一些久经考验的最佳实践。Kubernetes 也不例外，对生产环境来说，应当安装多个主节点并以 HA 的方式配置部署。这样可以避免由单个主节点带来到单点故障问题。对于某些类型的 DoS 来说，攻击者必须对多个主节点发起攻击才能造成影响。

我们也可以考虑将控制平面的节点分布在多个可用域（availability zone）中。这样可以防范对可用域的网络发起 DoS 攻击而造成整个控制平面失能的情况。

同样的防范原则也适用于工作节点。通过部署多个工作节点，可以使应用被跨节点甚至跨可用域完成调度。一方面，这样可以使当前运行中的应用在遭受 DoS 攻击的时候能够被调度到其他节点上；另一方面，跨多个节点或可用域部署的分布式应用，也能够在一定程度上化解或降低对某一节点或可用域所发起的 DoS 攻击的有效性。

我们还应为以下资源配置适当的限制。

- 内存。
- CPU。
- 存储。
- Kubernetes 对象。

对 Kubernetes 对象的限制包括限制某命名空间中 ReplicaSet、Pod、Service、Secret 以及 ConfigMap 的数量。

添加配额限制，将有助于避免重要系统资源被消耗殆尽，从而提高抵御 DoS 的能力。

以下的例子可将命名空间 skippy 中的 Pod 数量限制在 100 以内。

```
apiVersion: v1
kind: ResourceQuota
metadata:
  name: Pod-quota
spec:
  hard:
    Pods: "100"
```

执行以下命令使限额生效（假设部署文件名为 quota.yml）。

```
$ kubectl apply -f quota.yml --namespace=skippy
```

除此之外，PodPidsLimit 可被用于限制 Pod 中的进程数量。

我们设想这样一种场景，Pod 成为 fork 炸弹攻击的目标，这种攻击手段会基于一个流氓进程不停地创建新的进程，直至耗尽所有的系统资源并导致系统瘫痪。对 Pod 能够创建的进程数量进行限制，可以避免这个 Pod 将节点资源耗尽的情况出现，从而限制针对该 Pod 的攻击所造成的影响。一旦 PodPidsLimit 被用光，Pod 就将会被重启。

这一限制还将确保某个 Pod 不会消耗掉节点上其他 Pod 的 PID 数量，包括 Kubelet。需要注意的一点是，要想设置一个合适的值，需要对每个节点上同时运行的 Pod 的数量进行准确的估算。如果不做估算，将很有可能对 Pod 进程数量限制得过高或过低。

11.6.2 保护 API Server 防范 DoS 攻击

所有与 Kubernetes 的通信都经由 API Server。API Server 通过 TCP socket 暴露了一套 RESTful 的接口，使它更易受到僵尸网络 DoS 攻击。

以下举措将有助于避免或降低类似攻击的发生。

- 高可用的主节点，在多个节点甚至多个可用域上部署多个 API Server 副本。
- 对到达 API Server 的请求进行合理的监控和预警。
- 不将 API Server 暴露在互联网上（借助防火墙规则等）。

与僵尸网络 DoS 攻击类似，攻击者还可能冒充一个用户或其他控制层的服务来制造超高负载。好在 Kubernetes 有完善的认证和鉴权机制来防范伪装攻击。不过，纵使有完善的 RBAC 模型，也需要注意妥善保管具有较高权限的账号。

11.6.3 保护集群存储防范 DoS 攻击

集群的配置是保存在 etcd 中的，因此 etcd 的可用性和安全性就变得异常重要。以下的建议将有助于提高 etcd 的可用性和安全性。

- 将 etcd 部署为 3 个或 5 个节点的高可用集群。
- 对 etcd 收到的请求进行监控和预警。
- 在网络层面对 etcd 进行隔离，只允许控制层的组件与之交互。

默认情况下，Kubernetes 会将 etcd 安装到与其他控制层服务相同的节点上。对于开发环境或测试环境，这是可以的，不过大规模的生产环境集群应当考虑部署一个专门的 etcd 集群。这有助于提高系统的性能和弹性。

在性能方面，etcd 可能是大型 Kubernetes 集群的瓶颈所在。鉴于此，在集群部署阶段应当进行性能测试，以确保整体架构能够在较大规模的情况下维持较高性能。性能不足的 etcd 甚至有可能会表现得像是受到持续的 DoS 攻击一样。将 etcd 部署为一个独立的集群，也有助于在控制层其他组件被攻击的时候，保护自己免遭攻击。

对 etcd 的监控和预警应当基于一个合理的阈值，不妨从对 etcd 日志的监控开始入手。

11.6.4 保护应用组件防范 DoS 攻击

多数 Pod 会将其服务暴露在网络上，因此如果没有施加合理的控制，任何人都可以访问该网络并对 Pod 发起 DoS 攻击。好在，Kubernetes 能够对 Pod 进行资源请求限制，以防范那些旨在耗尽 Pod 和节点资源的攻击手段。故而以下措施是有帮助的。

- 对 Pod 之间和 Pod 与外部的通信配置 Kubernetes 网络安全策略。
- 利用 mutual TLS 和基于 token 的 API 认证来提供应用级的认证（拒绝一切未通过认证的请求）。

另外，还应当通过应用层级的鉴权来实现最小化授权。

图 11.1 演示了如何综合利用以上措施来提高对应用实施 DoS 攻击的门槛。

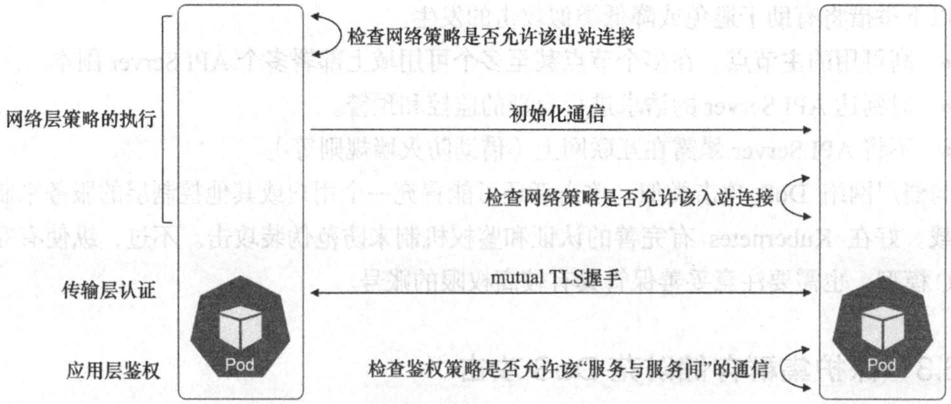

图 11.1

11.7 提升权限

提升权限（elevation of privilege，或 privilege escalation），是指获取比应当赋予的权限更高的权限，来制造破坏或进行非法访问的攻击行为。

在 Kubernetes 环境中是如何防范这种攻击的呢？

11.7.1 保护 API Server

Kubernetes 提供了多种鉴权模型以确保对 API Server 访问的安全性。

- 基于角色的访问控制（Role-based Access Control, RBAC）。
- webhook。
- 节点（node）。

我建议同时启用多个鉴权机制。例如，一种常见的最佳实践是同时启用 RBAC 和节点两种鉴权机制。

RBAC 模式能够限制仅对指定的用户开放某 API 操作的权限，此处的“用户”既可以是普通的用户账号，也包括系统服务。总体思路在于，所有发送至 API Server 的请求都必须通过认证（authenticated）和鉴权（authorized）。认证的目的是确保收到的请求来自有效的用户——请求发送者的真实身份应与其声明的身份是一致的。鉴权的目的是确定通过认证的有效用户能否对目标资源执行与请求相关的操作。比如，张三能够创建 Pod 吗？这个例子中，“张三”是用户，“创建”是操作，Pod 是目标资源。认证机制将确定是否是张三发出的请求，而鉴权机制则决定张三是否被允许创建 Pod。

Webhook 模式则是将鉴权工作交由外部的基于 REST 的（REST-based）策略引擎来完成。不过需要额外搭建和维护一套外部引擎。另外，该外部引擎也会带来 API Server 潜在的单点故障（single-point-of-failure）隐患。假设外部的 webhook 系统宕掉，将无法处理到达 API Server 的所有请求。鉴于此，应严格谨慎地对待 webhook 鉴权服务的设计与实现。

节点鉴权是指对来自 Kubelet（集群节点）的请求进行鉴权。由节点发出的请求与普通用户发出的请求显然是有差异的，节点的鉴权工作由节点鉴权器（node authorizer）来完成。

RBAC 和节点鉴权是被推荐使用的方式。RBAC 模式是完全可配置的，应当用来为访问 API Server 的用户实现一个最小权限模型。最初，它应当是一个默认拒绝（deny-by-default）所有请求的系统，然后再指定开通哪些操作权限。配置成功的话，它应当能够确保用户和服务账号仅拥有其所需的权限。

11.7.2 保护 Pod

下面介绍的一些技术手段，将有助于降低以 Pod 和容器为目标的“提升权限”攻击的风险。

- 避免进程以 root 身份运行。
- 限制 capabilities。
- 过滤系统调用。
- 避免权限提升。

在展开介绍之前，请注意：Pod 就是一个或多个容器的执行环境——应用程序在容器中执行，也可以认为是运行在 Pod 中的。有些表述中会提到 Pod 或容器，但通常是指容器。

1. 避免进程以 root 身份运行

`root` 用户是 Linux 系统中最强大的用户，其用户 ID（UID）总是 0。绝大多数情况下不建议将应用中的进程以 root 身份运行，因为这样的话应用进程将拥有容器内的所有权限。如果读者觉得这还不足为惧，那么更加恐怖的是，容器中的 `root` 用户通常也会拥有所在节点上不受限制的 `root` 访问权限。

所幸，Kubernetes 能够让我们强制以非 root 用户来运行容器中的进程。

以下部署文件的配置中，指定 Pod 进程以 UID 1000 的身份运行。如果 Pod 有多个容器，那么所有容器中的所有进程都是以 UID 1000 的身份运行的。

```
apiVersion: v1
kind: Pod
metadata:
  name: demo
spec:
  securityContext: # 适用于 Pod 中的所有容器
    runAsUser: 1000 # 非 root 用户
  containers:
    - name: demo
      image: example.io/simple:1.0
```

`runAsUser` 是 `PodSecurityContext`（`spec.securityContext`）的诸多配置项中的一个。

我们可以将两个或多个 Pod 的 `runAsUser` 配置为同一个 UID。在这种情况下，这些 Pod 中的所有容器都运行在同样的安全环境（security context）中，并且拥有同样的资源访问权限。如果它们是来自同一批 Pod 或容器的副本，也许是没问题的。不过如果它们是互不相同的容器，则有较大可能出现问题。假设有两个不同的容器，它们都拥有读写权限，而且挂载了节点上的同一个目录，那么就有可能引起数据污染（在没有对写操作进行协同的情况下写入同一批数据集）。共享同样的安全环境还会增加容器遭受篡改攻击的可能性。

鉴于此，不妨考虑在容器层面而不是 Pod 层面来配置 `securityContext.runAsUser` 属性。

```
apiVersion: v1
kind: Pod
metadata:
  name: demo
spec:
  securityContext: # 适用 Pod 中的所有容器
    runAsUser: 1000 # 非 root 用户
  containers:
  - name: demo
    image: example.io/simple:1.0
    securityContext:
      runAsUser: 2000 # 覆盖 Pod 设置
```

以上示例中，在 Pod 层面设置 UID 为 1000，紧接着它被容器层面的设置覆盖，容器中的进程将以 UID 2000 的身份运行。在没有明确指定的情况下，Pod 中的其他容器将以 UID 1000 的身份运行。

除此之外，还有其他的措施来规避多个 Pod 和容器使用同一个 UID 的问题。

- 启用用户命名空间（user namespace）。
- 维护一个 map 来记录 UID 的使用情况。

用户命名空间是 Linux 内核特性，它允许容器内的进程以 root 身份运行的同时在容器外作为另一个用户来运行。比如，可以将容器中的 UID 0（root 用户）映射到主机的 UID 1000。对于需要以 root 身份运行的进程来说，这是不错的解决方案。请确认所使用版本的 Kubernetes 和容器运行时是否能够对此提供完整支持。

维护一个 map 来记录 UID 的使用情况，是一种为了避免 Pod 或容器使用同一个 UID 所采取的笨方法。这种方式不太优雅，需要在将 Pod 发布到生产环境前落实严格把关的发布流程。

注：对生产环境来说，对发布流程进行严格把关是有益的。之所以说 UID map 不太优雅，是因为它引入了外部依赖，以及增加了发布和问题排查过程的复杂性。

2. 限制 capabilities

前面提到，用户命名空间允许容器进程在内部作为 root 运行，同时在主机上作为非 root 运行。这是由于多数进程的运行是不需要 root 的所有权限的。然而不可否认的是，仍然有一定数量的进程，其运行所需的权限相比典型的非 root 用户更多。为了运行这些进程，我们需要某种方式能够为它们赋予所需的权限。这时就需要 capabilities 登场了。

首先简要介绍一下背景。

我们都知道，`root` 是 Linux 系统中最强大的超级用户。而其强大之处是由许多细粒度的、被称为 capabilities 的权限组合而成的。比如，`SYS_TIME` capability 允许用户设置系统时钟，`NET_ADMIN` capability 允许用户执行网络相关的操作（如修改本地路由表、配置本地接口）。root 用户拥有所有的 capabilities，故而非常强大。

capabilities 的这种模块化的特点，使我们可以进行非常细粒度的赋权操作。与 root 和非 root 这种只有“两档可调”的方法相比，可以精准地为程序的运行提供所需的权限集合。

如今 capabilities 总共有 30 个，如何选择合适的 capabilities 是个令人头疼的问题。考虑到此，Docker 运行时提供了默认的开箱即用的 capabilities 组合，其中去掉了大约一半的 capabilities。这是一套适用于大多数程序的默认配置，起码让我们不再毫无防备地“将钥匙留在门上”。默认配置总归好过没有，不过还是会时常遇到无法满足生产环境使用的情况。

为了确定应用所需的最少 capabilities 组合，一种常用的方法是在测试环境中去掉所有的 capabilities 并进行测试。这样会导致应用程序失败，日志信息会报出缺失的权限。然后根据缺失的权限对应到 capabilities，并添加到 Pod 的部署文件中，再次部署和运行应用。重复这一过程直至应用能够正常运行，此时的 capabilities 组合即为最小组合。

这种方式是有效的，不过也有几点问题需要考虑。

首先，**必须**对应用执行大量的测试。而且最不希望遇到的情况就是，生产环境中出现了在测试环境中未曾测出的极端问题。这种问题也可能导致生产环境的崩溃。

其次，每次对应用进行修复和更新之后，都需要针对 capabilities 组合重复进行大量的测试。

为了应对以上问题，应当搭建一套有效的测试流程以及生产环境发布流程。

默认情况下，Kubernetes 使用的 capabilities 组合来自容器运行时（如 containerd 或 Docker）。不过，我们可以借助 Pod 的安全策略或容器的 `securityContextu` 属性来覆盖默认组合。

下面的 Pod 部署文件演示了如何为容器增加 `NET_ADMIN` 和 `CHOWN` 两个 capabilities。

```
apiVersion: v1
kind: Pod
```

```
metadata:
  name: capability-test
spec:
  containers:
  - name: demo
    image: example.io/simple:1.0
    securityContext:
      capabilities:
        add: ["NET_ADMIN", "CHOWN"]
```

3. 过滤系统调用

seccomp 与 capabilities 的理念类似，不同之处在于前者是作用于系统调用（syscall）的。

在 Linux 中，如果某个进程请求内核来执行某项操作，则需要对内核发起系统调用。seccomp 能够为某个容器配置哪些系统调用是被允许执行的。与 capabilities 类似，我们建议对应用也定义一套最少权限模型（least privilege model），以配置某个容器正常运行所需的 syscall 组合。

不过应当注意，Linux 拥有 300 多个系统调用，而且至本书撰写时，Kubernetes 中的 seccomp 特性尚处于 alpha 阶段。此外，还应查看容器运行时的支持情况。

4. 禁止容器中的权限扩大

在 Linux 中，创建一个新进程的唯一方式就是由一个进程克隆自己，然后往新进程中加载新的指令。显然这一描述过于简单了。被克隆的进程称作父进程，克隆出来的进程称作子进程。

默认情况下，Linux 允许子进程申请比父进程更多的权限。不过这通常不是好主意。事实上，多数情况下我们希望子进程与父进程拥有同样的或更少的权限。对于容器来说尤其如此，因为对它设置的安全配置只能用来指定初始的权限，并不能配置未来可能增加的权限。

好在，我们可以借助 Pod 的安全策略或容器的 securityContext 属性来防范权限扩大的情况发生。

以下的 Pod 部署文件演示了如何防范容器中的权限扩大。

```
apiVersion: v1
kind: Pod
metadata:
  name: demo
```

```
spec:
  containers:
  - name: demo
    image: example.io/simple:1.0
    securityContext:
      allowPrivilegeEscalation: false
```

11.8 Pod 安全策略

本章多处提到，我们可以在 Pod 的 YAML 文件中对 Pod 的安全环境（security context）的属性进行设置。不过这种方式不能进行批量配置，需要开发或运维人员对每个 Pod 进行设置，并且容易导致错误的配置。更好的方式是配置 Pod 安全策略。

Pod 安全策略（security policy）是一个相对较新的特性，它能够从集群范围进行安全设置。然后在部署阶段从这些策略中选择并应用于所需的 Pod。因此，这种方式更加适用于批量配置，降低了开发和运维人员的工作量，而且减少了错误发生的概率。而且，Pod 安全策略的配置还可以交由专门的负责安全的团队来完成。

Pod 安全策略被作为准入控制器（admission controller）实现，Pod 的 ServiceAccount 必须在被授权的情况下才可以使用。一旦被授权，相应的安全策略就会经由 API 准入链（admission chain）被应用到新创建的 Pod。

Pod 安全策略示例

在本章即将结束的时候，我们通过一个有关 Pod 安全策略的示例来快速温习一下本章探讨过的知识点，以及其他一些默认的安全配置。

本示例基于 Kubernetes 官方文档中的例子修改而来。

```
apiVersion: policy/v1beta1
kind: PodSecurityPolicy
metadata:
  name: restricted
  annotations:
    seccomp.security.alpha.kubernetes.io/allowedProfileNames: 'docker/default'
    apparmor.security.beta.kubernetes.io/allowedProfileNames: 'runtime/default'
    seccomp.security.alpha.kubernetes.io/defaultProfileName: 'docker/default'
    apparmor.security.beta.kubernetes.io/defaultProfileName: 'runtime/default'
spec:
```

```
privileged: false
allowPrivilegeEscalation: false  # 防止特权升级
requiredDropCapabilities:
  - ALL # 删除所有 root capabilities (非特权用户)
# 允许核心卷类型
volumes:
  - 'configMap'
  - 'emptyDir'
  - 'projected'
  - 'secret'
  - 'downwardAPI'
  # 假设集群管理员设置的 PV 可以安全使用
  - 'persistentVolumeClaim'
hostNetwork: false # 禁止访问主机网络命名空间
hostIPC: false # 禁止访问主机 IPC 命名空间
hostPID: false # 禁止访问主机 PID 命名空间
runAsUser:
  rule: 'MustRunAsNonRoot' # 禁止以 root 身份运行
runAsGroup:
  rule: 'MustRunAs' # 主组 ID 容器运行时用的控件
  ranges:
    - min: 1
      max: 65535
seLinux:
  rule: 'RunAsAny' # 可以使用任意 SELinux 选项
supplementalGroups:
  rule: 'MustRunAs' # 允许除 root(UID 0)以外的所有用户
  ranges:
    - min: 1
      max: 65535
fsGroup:
  rule: 'MustRunAs' # 为拥有 Pod 卷的组设置范围
  ranges:
    - min: 1
      max: 65535
readOnlyRootFilesystem: true # 强制根文件系统为 R/O
forbiddenSysctls:
- '*' #禁止从 Pod 访问任何 sysctls
```

不可否认，配置一套有效的安全策略既重要又复杂。通常的做法是从一个类似以上的这种比较严格的策略开始，逐渐调整至满足需求的状态。这期间需要大量的测试。

还有一种不错的做法是，配置多个严密程度不一的安全策略，然后让研发团队与集群管理者共同为应用选择合适的策略。

11.9 Kubernetes 安全展望

2019 年 CNCF（Cloud Native Computing Foundation，云原生计算基金会）委托一个第三方机构对 Kubernetes 进行了安全审计。通过安全威胁建模、人工代码审查、动态渗透测试和加密审查等方面的审计方法发现了一些安全隐患（finding）。所有的隐患都给出了难度（difficulty）和严重程度（severity）的级别。这次审查非常细致，并且本着负责任的态度，所有严重级别的隐患都在对外发布前被修复了。

不过，目前仍然有许多问题等待社区来解决。

阅读审计报告也不失为一种非常棒的、了解更多 Kubernetes 内部原理的途径。在阅读本章之后学习审计报告将使读者对 Kubernetes 的理解更上一层楼。

11.10 总结

本章我们利用 STRIDE 模型对 Kubernetes 的安全威胁进行了分析。我们依次探讨了 6 种安全威胁，包括如何防范和降低其风险。

一种安全威胁通常还会导致另一种安全威胁的出现。另外，针对某一个安全威胁，通常有多种降低其风险的办法。还是那句话，深度防御是核心战术。

本章的最后我们讨论了 Pod 的安全策略，及其如何通过提供一种更加灵活且批量的方式，实现默认安全策略的。

第 12 章，我们将共同探讨一些来自实际的 Kubernetes 生产环境的最佳实践与教训。

第 12 章　现实中 Kubernetes 的安全性

在第 11 章中，我们采用 STRIDE 模型对 Kubernetes 进行了安全分析。本章，我们将对现实世界中 Kubernetes 通常会面对的安全挑战展开探讨。

虽然每个 Kubernetes 集群的部署方案都不尽相同，但还是有许多相似之处。本章所讨论的案例适用于大多数或大或小的 Kubernetes 环境。

不过，本章并非要提供食谱风格的解决方案，而是从一个总体的视角来介绍，主要是探讨安全架构的应有之义。

本章将会分为以下 4 个部分来展开。

- CI/CD 流水线。
- 基础架构和网络。
- 身份管理与访问控制。
- 安全监控和审计。

12.1　CI/CD 流水线

对于应用来说，容器是一种革命性的打包（packaging）和运行时（runtime）技术。

从打包的角度来看，人们能够非常方便地将应用程序及其依赖构建到一个镜像中，除此之外，镜像中还包含运行应用所需的命令。这使容器能够极大地简化应用的构建、交付和运行环节。而且有效解决了那个“在我的计算机上可以运行啊”的令人无语的问题。

然而相对过往，容器也使危险程序更容易被执行了。

鉴于此，我们将跟随应用程序从开发者的计算机到生产环境的服务器的各个环节，探讨可以提高安全性的措施。

12.1.1　镜像仓库

我们通常将镜像保存在镜像仓库（registry）中，而镜像仓库有公有（public）和私有

（private）之分。

注：每一个镜像仓库包含一个或多个“库房”（repository），而镜像实际上是存储在“库房”中的。

公有仓库通常在互联网上，是最简单的下载镜像并运行容器的途径。不过需要注意的是，它们通常托管有官方（official）镜像和社区（community）镜像。官方镜像由软件供应商提供，会经过严格的审查以确保达到一定的安全等级。通常情况下，官方镜像会：基于最佳实践、执行漏洞扫描、包含最新代码、受软件供应商支持。而社区镜像通常没有这些，不可否认有一些非常棒的社区镜像存在，不过在使用它们的时候需要极其谨慎。

因此非常重要的一点是，开发人员在获取和使用镜像的时候要遵循一定的规范流程。同样重要的是，该流程应当尽量减少实践过程中为开发人员带来的不便——否则开发人员会想办法绕过它。

以下几点或许对读者有所帮助。

12.1.2 使用已验证的基础镜像

一个可用的镜像通常是层层构建起来的。所有的镜像都初始于一个基础层（base layer）。如图 12.1 所示，这个镜像由 3 层组成。基础层包含应用运行所需的核心 OS 和文件系统组件；中间一层主要是应用的依赖库；最上一层则是开发人员所编写的代码。我们将这三层的组合称为一个镜像，它包含了运行应用所需的一切。

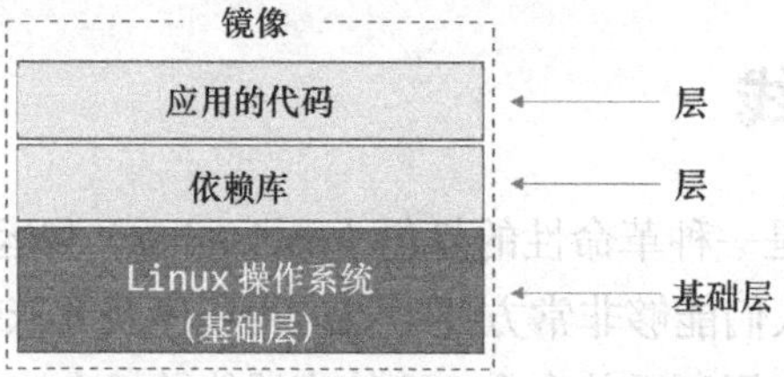

图 12.1

所有的镜像都有一个包含操作系统（OS）和文件系统的基础层，应用构建于该层之上。因此，团队或组织一般只需维护少量经过验证的基础镜像，而这些基础镜像通常基于官方镜像构建。比如，某团队开发的应用部署在 CentOS Linux 上，那么基础镜像则可能基于官方的 CentOS 镜像构建——在官方 CentOS 镜像的基础上做些调整以满足应用需求。

在这种情况下，所有的应用都构建于同一个通用的、经过验证的基础镜像之上，如图 12.2 所示。

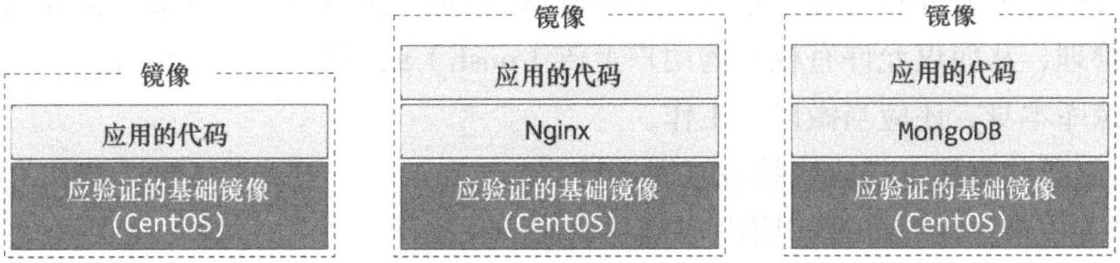

图 12.2

虽然在打造基础镜像的时候需要预先在安全方面花费一些精力，但是磨刀不误砍柴工，从长远的安全角度考虑是值得的。

对于开发人员来说，他们可以将全部精力聚焦在应用及其依赖上，而无须操心 OS 层面的维护——OS 补丁、驱动、审计等方面。

对于运维人员来说，基础镜像有效防止了软件层面"乱象丛生"的情况的出现。由于测试对象是已知的基础镜像，因此测试工作变得更加简单。更新操作也被简化，只需要对少量已验证的基础镜像进行更新，并告知相关开发人员即可。问题排查也更加容易了，因为仅需面对少量的、广泛使用的基础镜像。此外，还可以减少基础镜像配置的数量。

12.1.3 非标准基础镜像

即使拥有经过验证的基础镜像，还是存在一些应用或场景的需求无法得到满足的情况。此时需要做以下工作。

- 分析为什么现有的已验证的基础镜像无法满足使用。
- 确定是否可以通过升级现有已验证的基础镜像来满足需求（包括评估升级成本）。
- 分析引入一个新的基础镜像所带来的技术支持上的影响。

通常来说，升级一个现有的基础镜像的方式——比如为 GPU 计算能力增加相应设备——要优于完全引入一个新镜像。

12.1.4 控制镜像的访问权限

对于镜像的保护有多种方案。最常见的安全实践方式是在内网防火墙中部署私有的镜像库，通过这种方式我们可以完全管理镜像库的部署、扩容、升级等操作。它支持对第三方认证管理方案（如 Active Directory）的集成，还可以按团队需要创建 repository。

如果没有部署私有镜像库的条件，那么也可以将镜像托管于公有镜像库（如 Docker Hub）的私有 repository 中。不过，这种方式相较于内网部署的私有镜像库来说，安全性有所降低。

无论选择哪种方案的镜像库，都应当仅托管团队验证可用的镜像。通常情况下，这些镜像需具备可信的来源并且经过信息安全团队确认。同时，我们应当对存储有镜像的 repository 配置权限管理，从而仅允许有权限的用户上传（push）或下载（pull）镜像。

除镜像库本身，还应当做以下工作。

- 限制哪些集群主机应当接收互联网访问。
- 配置权限，仅允许授权用户/节点进行 push 操作。

如果读者正在使用一个公有镜像库，恐怕就需要授权工作节点（worker node）能够访问互联网从而执行 pull 操作。在这种情况下，最好的方式是仅开放所要连接的镜像库的地址和端口。读者还需对镜像库配置周密的 RBAC 规则，来控制谁可以上传或下载镜像。例如，开发人员应当具备对非生产库执行 push 或 pull 操作的权限，而运维团队则应当具备从非生产库进行 pull 操作的权限以及对生产库进行 push 和 pull 操作的权限。

最后，读者可能仅希望某几个节点（构建节点）具有 push 镜像的权限，甚至仅希望自动化的构建系统具备 push 到特定 repository 的权限。

12.1.5　从非生产库复制镜像到生产库

许多团队拥有多个隔离的运行环境，分别用于研发、测试和生产。

通常来说，研发环境拥有最宽松的权限配置，开发人员可使用该环境进行实验。开发人员在实验过程中可能会用到非标准镜像，这些镜像可能最终被用于生产环境。

下面将会探讨一些能够确保仅允许安全的镜像进入生产环境的措施。

12.1.6　漏洞扫描

在准许镜像进入生产环境之前，首要的检查即漏洞扫描（vulnerability scanning）。在这一过程中，会从二进制层面对镜像进行扫描，并基于一个已知漏洞库进行筛查。

如果团队中有一条自动化的 CI/CD 构建流水线，那么请务必整合漏洞扫描任务。同时，还应当配置相应的流水线规则，在扫描出漏洞后自动令构建流水线失败，并隔离有漏洞的镜像。比如，在流水线中增加一个构建环节，该环节对镜像进行扫描，并在扫描到严重漏洞时，终止流水线任务。

还有两点请注意。

首先，扫描引擎的好坏是由所使用的缺陷库体现的。

其次，扫描引擎可能不会实现智能操作。例如，Python 中的某个方法执行了 TLS 验证，当 Common Name 包含许多通配符时，该验证对于拒绝服务攻击（Denial of Service attack）是存在漏洞的。不过，如果该方法从来没有被这样使用过，那么该漏洞可能因并无实质影响而被当作假警报看待。鉴于这一点，或许应当在流水线中引入一个能够标记漏洞警报无效的环节。

12.1.7 配置即代码

对应用代码进行漏洞扫描是一种在进入生产环境前广泛落地的最佳实践。然而，却普遍没有对应用的配置（如 DockerFile 和 Kubernetes YAML 文件）进行审查。

对于容器来说，“一次构建、到处运行”的概念是指，一个容器或 Pod 的配置可以用于成百上千的运行实例。而一旦这些配置文件中存在漏洞，那么就有可能令成百上千的容器实例陷入危险。因此，如果读者还没有准备对 DockerFile 和 Kubernetes YAML 文件进行安全检查，那么立马着手开始吧！

一个广为流传的未做配置审查而带来安全隐患的例子是，IBM 数据科学实验将 TLS 私钥打包到了容器镜像中。这使攻击者通过拉取镜像获得了运行该容器的主机的 root 权限。而这本可以通过对 DockerFile 进行安全审查来避免的。

当然，后续会不断出现一些能够进行类似检查的、基于“策略及代码规则（policy as code rules）”的自动化工具。

12.1.8 镜像签名

当今世界，可信性异常重要，而在软件交付流水线中的各个环节进行数字签名几乎已成为必备工作。好在，Kubernetes 以及许多容器运行时都支持对镜像进行数字签名和验签。

在这一模型中，开发人员对镜像进行签名，镜像使用者在 `pull` 和 `run` 的时候会进行验签。这一操作令使用者能够确保他们所用的镜像就是要请求的镜像，期间并未被篡改。

镜像的签名和验签过程如图 12.3 所示。

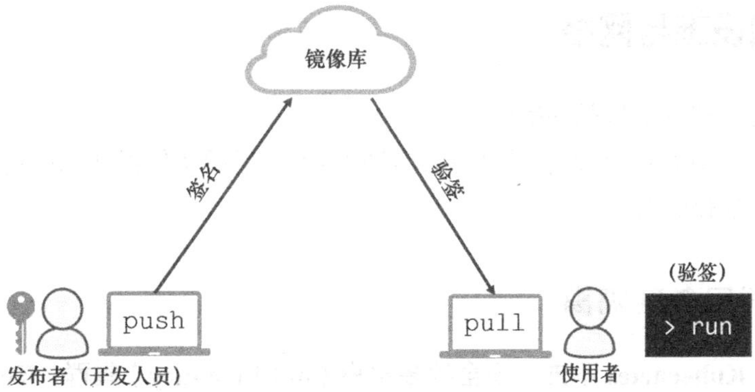

图 12.3

镜像的签名和验签操作通常由容器运行时来实现，Kubernetes 实际并未参与。

对于镜像的签名操作，更高级的工具（如 Docker Universal Control Plane，Docker 通用控制平面）能够实现“镜像在使用前必须经由某指定团队签名”这样的企业级策略。

12.1.9 镜像晋升工作流

综合前面的内容，一个负责将镜像晋升至生产环境的 CI/CD 流水线，应当尽量包含以下与安全相关的步骤。

1. 配置生产环境仅能够 `pull` 和 `run` 已签名的镜像。
2. 配置网络规则，使其明确限制哪些节点可以 `push` 和 `pull` 镜像。
3. 对 repository 配置 RBAC 规则。
4. 开发人员使用已验证的基础镜像来构建应用镜像。
5. 开发人员对构建的镜像进行签名并推送到可信的 repo 中。
6. 对镜像进行漏洞扫描。
   - 通过策略的配置，基于扫描结果判断镜像是被晋升还是隔离。
7. 安全团队。
   - 审查源码并扫描。
   - 根据实际情况更新漏洞级别。
   - 审查容器和 Pod 的配置文件。
8. 安全团队对镜像签名。
9. 所有对镜像的 `pull` 操作和对容器的 `run` 操作都进行验签。

以上步骤仅供参考，并非某一个实际的工作流。

下面我们将焦点从镜像和 CI/CD 流水线转移至下一话题。

12.2 基础设施与网络

本节将探讨一些隔离负载的措施。

我们将从集群层面开始讨论，然后是运行时层面，最后从集群外部探讨基础架构（如网络防火墙）能够提供哪些支持。

12.2.1 集群层负载隔离

直奔主题，Kubernetes 不支持安全的多租户（nulti-tenancy）集群，Kubernetes 中唯一的集群级别的安全边界就是集群本身。

对 Kubernetes 集群进行切分的唯一方式是创建命名空间（namespace）。Kubernetes 中的命名空间与 Linux 内核命名空间是不同的，它仅是 Kubernetes 集群的逻辑分区。事实上，它更是一种对以下资源进行分组的方式。

- 限制（Limit）。
- 配额（Quota）。
- RBAC 规则。

重点在于，Kubernetes 的命名空间，并不能保证某一个命名空间中的 Pod 不会影响到另一个命名空间中的 Pod。因此，我们不应将生产负载和有潜在风险的负载运行在同一个物理集群上。唯一能够确保真正的隔离的方式是将其置于一个独立的集群中运行。

尽管如此，Kubernetes 命名空间还是有用的，而且我们应当使用它——只是不要将其作为安全边界来使用。

那么命名空间和“软”多租户（soft multi-tenancy）与“硬”多租户（hard multi-tenancy）有什么关系呢?

1. 命名空间与“软”多租户

为了便于描述，我们定义“软”多租户为在共享的基础设施上托管多个可信的工作负载。所谓可信，是指工作负载不需要绝对的隔离（一个 Pod 或容器不能影响另一个）。

举个例子，两个可信的工作负载可以是一个电商应用的 Web 前端服务和后端推荐服务。两个服务都是同一个电商应用的一部分，因此并无“敌意”，同时可以获得如下好处。

- 可以由各自独立的团队负责。
- 可以为每个服务配置不同的资源限制和配额。

在这种情况下，推荐的解决方案是，在同一集群中的同一个命名空间下，分别部署前端服务和后端服务。

2. 命名空间与“硬”多租户

我们定义“硬”多租户为在同一个基础设施之上托管不可信的或有潜在风险的工作负载。不过，就像前面提到的，目前这并不能基于 Kubernetes 实现。

这意味着，对安全有强烈要求的工作负载，是需要运行在独立的 Kubernetes 集群上的！这样的例子包括以下几种。

- 在不同的集群上隔离生产和非生产工作负载。
- 在不同的集群上隔离不同的用户。
- 将敏感项目或业务功能隔离在单独的集群。

类似的例子有很多。如果读者的工作负载对安全性有强烈的需求，那么就将其置于单独的集群上吧。

注：Kubernetes 项目中有一个专门的“多租户工作组”（Multitenancy Working Group），他们正在开发 Kubernetes 所支持的多租户模型。这意味着 Kubernetes 未来的版本有可能会支持“硬”多租户。

12.2.2 节点隔离

有时，应用可能需要以非标准权限（non-standard privileges）运行，比如以 root 身份运行或执行非标准的系统调用。如果把这些应用部署在单独的集群中进行隔离，似乎有点“反应过度”，但是它们确实带来了可能造成“误伤”的风险，因此应当将其限制在部分工作节点上来运行。这样即使某个 Pod 带来安全问题，那么也仅会影响同一节点上的其他 Pod。

读者还应当遵循“深度防御”（defence in depth）的原则，对于非标准权限，在节点上启用更加严格的审计日志和运行时防御方案。

Kubernetes 提供了多种技术，如 label、affinity 和 anti-affinity 规则、taint 等，以便将工作负载限制在部分节点上运行。

12.2.3 运行时隔离

前面我们探讨集群级别和节点级别的隔离，现在我们将注意力转移到各种不同类型的运行时隔离上来。

在将容器与虚拟机进行对比时，结论可能是各有千秋。不过，就工作负载的隔离性来说，胜者必定是虚拟机。

在典型的容器模型中，多个容器会共享一个内核，而隔离性是由内核指令（construct）提供的。但是内核指令从来都不是作为强力的安全边界来设计的。我们经常称之为命名空间容器（namespaced container）。

反观虚拟化模型，每一个虚拟机都拥有独立的内核，并且从硬件层面做到了虚拟机之间的完全隔离。

从工作负载隔离的角度来说，虚拟机胜出。

不过随着容器隔离性受到越来越多的关注，更多人开始从诸如 apparmor、SELinux、seccomp、capabilities 和用户命名空间等内核级别的隔离技术中找寻方案。不幸的是，这些技术都会显著增加配置的复杂度，而且仍然被认为安全性是弱于虚拟机的。

另一种可以考虑的方案是采用不同类型的容器运行时。有两个著名的例子是 gVisor 和

Kata Container，它们都对规则进行了重写并且提供更高级别的工作负载隔离性。由于 Kubernetes 支持容器运行时接口（Container Runtime Interface, CRI）和运行时类（Runtime Class），因此 Kubernetes 能够轻易地与这些运行时集成。

此外，还有一些项目能够让 Kubernetes 对虚拟机进行编排。

虽然这些听上去有些大费周章，不过在决定具体的工作负载需要什么级别的隔离时，这些内容都是要考虑的。

总结下来，有以下几种不同的隔离措施可考虑。

1. **虚拟机**：每一个工作负载都运行在独立的虚拟机和内核之上。这种方式能够提供完美的隔离，不过这种重量级方案相对较慢。

2. **传统命名空间容器**：每一个工作负载运行在自身容器中，同时共享一个公共的内核。虽然没有最佳的隔离性，但是更快且轻量。

3. **将每一个容器运行在其专属虚拟机中**：这种方案尝试将容器的功能性和虚拟机的安全性结合起来。尽管可以使用专门的精简虚拟机，还是会丧失容器的一些好处，因此并不是一种受欢迎的方案。

4. **选择合适的运行时**：这一方案比较新却不乏潜力。所有的工作负载都可以作为容器运行，而需要强隔离性的工作负载则运行在能够提供相应隔离等级的运行时上（gVisor、Kata Container 等）。运行时类（Runtime Class）目前在 Kubernetes 中是处于 alpha 阶段的特性。

还有一些其他的与安全相关的内容需要考虑。

如果运行许多虚拟机，则当需要对操作系统打补丁的时候会比较麻烦；而混合使用容器和虚拟机将增加网络的复杂性。

12.2.4 网络隔离

对于网络层面的信息安全来说，防火墙几乎是一个无法回避的话题。简单来说，防火墙通过一系列的规则对系统间的通信执行放行（allow）或拒绝（deny）的操作。

根据字面就可以理解，allow 允许流量通过，而 deny 则阻止流量通过。总体目标就是仅允许被授权的流量通过。

在 Kubernetes 中，Pod 通过一个名为 Pod 网络的特殊的内部网络来通信。不过 Kubernetes 并未实现这个 Pod 网络，而是构建了一个名为容器网络接口（Container Network Interface, CNI）的插件模型。供应商或社区负责编写 CNI 插件来提供 Pod 网络。目前已经有许多的插件可选了，这些不同的网络方案可以被分为如下两类。

- Overlay。
- BGP。

两者各不相同，对防火墙的影响也不尽相同。我们下面略作展开。

1．Kubernetes 与 Overlay 网络

Overlay 网络是最常见的构建 Pod 网络的方式。在 Kubernetes 中，Overlay 网络可用于屏蔽集群各主机间的网络复杂性，并提供一个简单的 flat Pod 网络。比如，Overlay 网络可以在横跨两个网络的集群之上，为所有 Pod 提供一个 flat Pod 网络。这样，所有的 Pod 都仅仅知道 Pod 网络的存在，而对底层的节点间网络一无所知。如图 12.4 所示，4 个节点位于两个不同的网络中，而 Pod 都是统一连接到一个 Overlay 的 Pod 网络上。

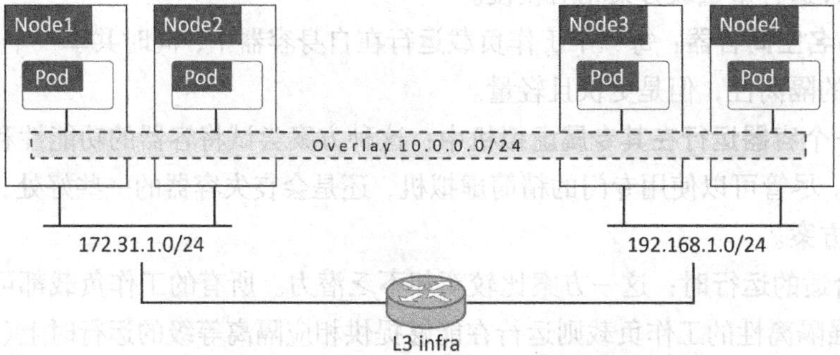

图 12.4

通常情况下，Overlay 网络会将网络报文再做一层封装，并在 VXLAN 隧道（tunnel）中发送。在这样的模型中，Overlay 网络是一张位于三层网络之上的虚拟二层网络。流量被封装，从而方便在不同节点的 Pod 间传播。这种方式简化了实现，不过这种封装也为一些防火墙带来了挑战，如图 12.5 所示。

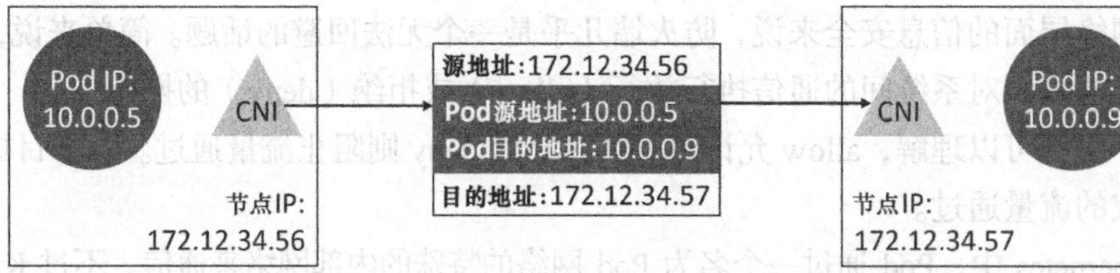

图 12.5

2．Kubernetes 与 BGP

BGP 是一种应用于互联网的协议。然而，其核心是一个简单的、具有高可扩展性的、能够创建点对点关系（用于共享路由信息和执行路由操作）的协议。

如果读者对 BGP 不熟悉，那么这个类比或许可以有所帮助：假设读者想给老朋友发一张生日卡片，却发现找不到联系方式和地址。不过读者的孩子的同校好友的家长能够与读者的老朋友取得联系。在这种情况下，读者可以让孩子把卡片交给他的好友，然后再转交给其家长，并最终送到老朋友手中。

以上情形与 BGP 是类似的。BGP 的路由功能是借助网络中的节点来找到 Pod 与 Pod 间报文的传递路径。

BGP 并不会对报文进行封装，从而对防火墙来说更加友好，如图 12.6 所示。

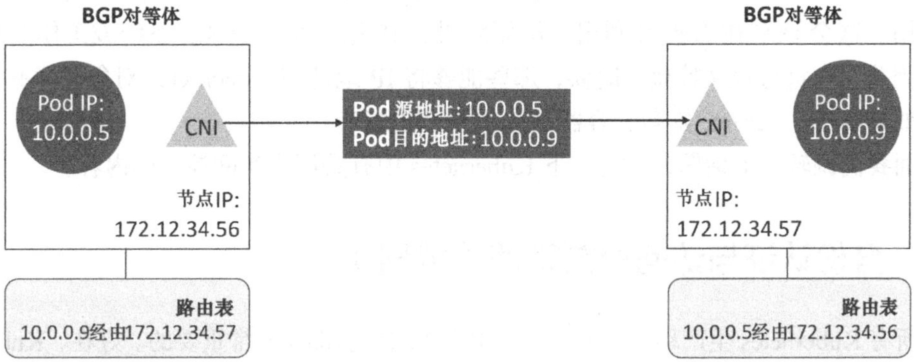

图 12.6

3. 对防火墙有何影响

防火墙是基于源地址和目的地址来完成对流量是否放行的判断的。

- "允许来自 10.0.0.0/24 网络的流量"。
- "阻止来自 192.168.0.0/24 网络的流量"。

如果 Pod 网络是一个 Overlay 网络，那么源 Pod 和目的 Pod 的 IP 地址就会被封装起来，从而可以穿过底层网络。也就是说，如果防火墙本身不具备解析报文内容的能力，将不能基于 Pod 的源地址和目的地址来进行流量过滤。请在进行 Pod 网络和防火墙方案选型的时候考虑这一点。

鉴于此，如果 Pod 间的流量必须在不具备报文内容解析能力的防火墙下传递的话，或许应当优先考虑一个基于 BGP 的 Pod 网络。这是因为 BGP 并不会掩盖 Pod 的源地址和目的地址。

读者还应当考虑是否部署物理防火墙，或配置主机防火墙，又或者两者都用。

物理防火墙是专用的网络硬件设备，通常由负责核心网络的团队管理。主机防火墙是操作系统的功能，通常由负责操作系统的团队（比如 Linux sysadmin）管理。两种方案各有其优缺点，而两个方案结合将更加安全。此外还应当考虑：读者的团队在对物理防火墙进行调整时，是否要执行一段冗长的操作过程？如果是，那么它恐怕与读者的 Kubernetes 部署并不契合，或许换一种防火墙方案更好。

4. 报文捕获

有关 Pod/容器的 IP 地址，除了可能被报文封装所掩盖这一问题，它还是动态的。

Pod 和容器本身被设计为动态且非永生的。当某个应用进行扩容时会增加 Pod 及其 IP 地址，而缩容时则会删除 Pod 及其 IP 地址。IP 地址甚至可以被回收并被不同的 Pod 或容器再次使用。这会导致 IP 被循环利用，从而减弱了 IP 地址在用于区分系统或工作负载时的作用。因此，在进行报文捕获的时候，那些能够将 IP 地址与 Kubernetes 对象关联起来的特性（比如 Pod ID、Service 别名、容器 ID）就变得非常有用。

下面我们调转一下话题，讨论一下 Kubernetes 中有关用户访问控制的内容。

12.3 身份认证与访问控制管理（IAM）

对所有 Kubernetes 生产环境来说，进行用户访问控制都是非常重要的。好在，Kubernetes 内置了完善的 RBAC 子系统，能够与现有的诸如 Active Directory 或其他 LDAP 系统等 IAM 方案集成。

多数的组织有一个中心 IAM 系统，比如 Active Directory，并且与公司的 HR 系统集成以简化员工管理工作。

Kubernetes 能够充分利用现有的 IAM 系统，而不是再造轮子。比如，一个新加入公司的雇员会获得一个 Active Directory 账号，那么所集成的 Kubernetes RBAC 也会自动授权该雇员在 Kubernetes 中相应的用户访问权限。同样的，离职雇员在 Kubernetes 中的访问权限也会随着在 Active Directory 中账号的注销而取消。

RBAC 在 Kubernetes 1.8 版本达到 GA，因此强烈建议读者充分利用其全部功能。

管理远程 SSH 对集群节点的访问

几乎所有的 Kubernetes 管理操作都是通过 API Server 完成的，这意味着很少有用户需要通过远程 SSH 登录到 Kubernetes 集群主机。事实上，仅在出于以下原因的时候才应当考虑通过远程 SSH 登录到集群主机。

- 执行那些无法通过 Kubernetes API 来执行的主机管理操作。
- 出现故障时，比如 API Server 宕机。

- 深度的问题排查。

此外，还应当严格控制哪些人员具有访问控制节点（controll plane node）的权限。

多要素认证（MFA）

能力意味着责任。

访问 API Server 的管理员，以及访问集群主机的 `root`，都是非常强大的账号，同时也是攻击者的首要目标。因此，对它们的使用应当尽量通过多要素验证（multifactor authentication, MFA）予以保护。这样用户在输入用户名和密码之后还需要通过第二阶段验证，比如以下工作。

- 阶段 1：检查用户名与密码是否正确。
- 阶段 2：检查一次性密码（one-time password）是否正确。

或者

- 阶段 1：检查用户名与密码是否正确。
- 阶段 2：检查用户的其他识别信息，如指纹或面部识别。

一个简单并且重要的应用多要素认证的方式就是在对集群主机进行远程 SSH 访问的时候。读者还应当考虑在访问工作站，或访问安装了 Kubelet 主机上的用户资料时，使用多要素认证。

12.4 审计与安全监控

没有任何系统是 100%安全的，因此要对其有朝一日被破防的情况做好预案。当系统被攻陷时，很重要的是至少可以做到以下两点。

1. 识别出系统已经破防。
2. 对事件全程梳理出证据确凿的时间线。

审计（Auditing）就是用于达成以上两点的，其所构建的时间线将有助于在事后回答这几个问题：发生了什么、如何发生的、什么时候发生的、谁做的……在极端情况下，这些信息甚至可以被作为呈堂证供。

好的审计和监控方案还有助于识别系统中的薄弱环节。

因此，我们应当确保将可靠的审计和监控作为高优先级工作来完成，生产环境上线前不能没有它们。

12.4.1 安全配置

有许多工具或检查有助于确保读者的 Kubernetes 环境是在遵循最佳实践和公司政策下部署的。

信息安全中心（Center for Information Security, CIS）发布了一套针对 Kubernetes 安全性的行业标准要求，Aqua Security 编写了一个易于使用的名为 `kube-bench` 的工具来执行 CIS 的测试。在最基本的模式下，读者可以对集群中的每一个节点运行 `kube-bench`，生成的报告中会标出哪些测试是通过的，哪些是失败的。

许多组织都会在部署过程中对生产环境的所有主机运行 `kube-bench`，并且将这一过程看作最佳实践。然后根据结果，结合自身对危险项的考虑，规定部署任务[①]是成功还是失败。

`kube-bench` 的报告还可以被保留并用作安全事故之后的初始基准。在安全事故发生后，再次运行 `kube-bench`，然后将结果与初始基准结果进行对比，观察哪些配置是被改动过的。

12.4.2 容器与 Pod 的生命周期事件

前面提到，Pod 和容器是非“永生”的，或者说它们的生命周期并不长——肯定不如虚拟机或物理服务器。因此我们会看到许多关于“新 Pod 或容器被创建”的事件（event），以及许多关于“Pod 或容器被终止”的事件。这也意味着，我们需要一种能够将容器日志保存于外部存储的方案，以便在 Pod 或容器被终止后还能继续保存一段时间。如果不这样做，那么当需要对已终止的容器进行日志检查时将无从下手。

有关容器的生命周期事件的日志还可以从容器运行时（引擎）的日志中获得。

12.4.3 应用的日志

在某些情况下，Kubernetes 也无法确保应用的正常运行。比如，如果应用本身存在有问题的代码，那么 Kubernetes 也无能为力。因此，对应用中日志的抓取和分析就变得非常重要，这有助于识别应用中与安全相关的潜在问题。

幸运的是，多数的容器化应用会将日志信息发送至标准输出（stdout）和标准错误输出（stderr），然后将这些消息进一步转发至容器日志中。不过有些应用会将日志信息发送至专门的日志文件中，这就需要对这些文件进行检查。

12.4.4 用户执行的操作

大多数配置 Kubernetes 的操作通过 API Server 完成，所有请求都会被记录。不过，通过 SSH 远程登录控制节点来直接操作 Kubernetes 的情况也有可能发生，包括从本地对 API 进

① 这里指自动化部署；或者“置备”，即 provisioning——译者注

行未授权的访问，或直接对控制节点的组件（如 etcd）进行操作。

前面强调过，应当对远程 SSH 访问主机的行为做限制，并且增加多要素认证这样的安全措施。不过，仍然强烈建议对 SSH 会话中的所有操作进行记录，并将其发送至一个安全的日志收集中心。对于涉及远程访问的情况应当始终保持监控和记录。

12.4.5 管理日志数据

容器的一个重要优势就是高资源利用率——我们可以在服务器或数据中心上运行大量的应用。这当然很不错，不过其“副作用”就是会产生大量的日志和与审计相关的数据，而且数据量很容易大到传统的工具无法分析的程度。至本书撰写时，有许多工作致力于解决这一问题，包括机器学习相关领域的研究，不过尚无比较有效的方案。

从悲观角度来说，如此大量的与日志相关的数据使主动分析变得非常困难；不过从乐观角度来看，这些有价值的数据可以（在发生安全事故时）为现场安全急救员和事后分析提供有效参考。

12.4.6 迁移现有 App 到 Kubernetes

每个业务都由多个 App 组成，而各个业务的重要程度不同。因此，在迁移现有 App 到 Kubernetes 时，遵循一套谨慎且有计划的步骤是非常重要的。

以下是一套“爬—走—跑”的迁移策略。

1. 爬（crawl）：对现有的 App 进行安全模型分析，以便掌握当前应用的安全配置现状。比如，各个 App 是否基于 TLS 进行通信。

2. 走（walk）：在往 Kubernetes 迁移的过程中，确保安全配置现状是不变的，不做提升也不做降级。比如，如果一个 App 并未基于 TLS 进行通信，那么在迁移过程中不要改变它。

3. 跑（run）：在迁移工作成功完成后开始进行与安全相关的优化工作。从重要程度较低的 App 开始入手，然后逐渐过渡到更加重要的 App。在优化过程中可以采取循序渐进的方式。比如先将 App 的通信方式从非 TLS 调整至单向 TLS，最终实现双向 TLS（可能需要用到服务网格）。

12.5 现实例子

下面要介绍的与容器有关的（存在安全隐患的）例子发生于 2019 年 2 月，而如果事先落实了本章讨论过的最佳实践，这本可以避免。CVE-2019-5736 允许容器中的一个进程以 root 身份运行，从而该进程可以脱离容器的限制获取容器所在主机的 root 权限，并进一步取得该主机上所有容器的权限。

这是非常危险的，而本章介绍的内容中有以下几点可以避免这一情况的发生。

- 漏洞扫描。
- 不以 root 身份运行进程。
- 启用 SELinux。

由于这一漏洞有一个 CVE 编号，因此安全扫描工具可以发现它并发出警告。如果该公司或组织禁止以 root 身份运行进程的话，也可以确保安全。最后，随 RHEL 和 CentOS 内置的通用 SELinux 策略也可以防范这一问题。

由以上例子可知，进行深度防御并遵循与安全相关的最佳实践是颇有助益的。

12.6 总结

本章的目的是希望读者能够对 Kubernetes 集群的安全相关的实践有一个总体的认识。

我们首先从软件交付流水线的角度讨论了一些与镜像相关的最佳实践，包括确保镜像库的安全、对镜像进行漏洞扫描，以及对镜像进行签名。然后我们探讨了一些针对不同层级的基础设施技术栈所适用的工作负载隔离的措施。具体来说，包括集群级隔离、主机层隔离，以及针对不同运行时的隔离措施。本章还介绍了身份认证与访问管理，包括一些有用的附加安全措施。然后介绍了有关审计的内容。最终通过一个现实世界的例子，阐释了一个本可以借助本章所介绍的实践和规范来避免的安全问题。

希望通过本章的介绍，读者能够对如何提高 Kubernetes 集群的安全性有充分的理解。

术语表

本术语表定义了书中出现的一些常见的与 Kubernetes 相关的名词。如有任何遗漏，可通过以下途径与我联系。

- https://nigelpoulton.com/contact-us。
- https://twitter.com/nigelpoulton。
- https://www.linkedin.com/in/nigelpoulton/。

许多朋友对以下技术术语有自己的定义，我完全理解，并且表示尊重，以下的定义并非最好的——初衷是希望有助于本书读者的理解。

好啦，那就开始吧。

API Server：将 Kubernetes 的特性通过一个 HTTPS REST 接口暴露出来。所有与 Kubernetes 的通信都经由 API Server——即使集群各组件之间的通信也通过 API Server。

容器（Container）：运行现代应用的轻量级环境。每一个容器都是一个虚拟的操作系统，它们拥有自己的进程树、文件系统、共享的内存等。一个容器通常运行一个应用进程。

云原生（Cloud native）：这是一个宽泛的术语，见仁见智。我认为云原生应用通常具备自愈（self-heal）、按序扩缩容（scale）、滚动升级与回滚的能力。他们通常是微服务应用。

ConfigMap：保管非敏感配置数据的 Kubernetes 对象。在对通用的应用模板添加自定义配置数据（而无须改动模板）的时候非常好用。

容器网络接口（Container Network Interface, CNI）：能够支持不同网络拓扑和架构的可插拔的接口。通常由第三方提供不同的 CNI 插件来实现 Overlay 或 BGP 网络的各种不同实现方案。

容器运行时（Container runtime）：运行在每个集群节点上的底层软件，负责拉取容器镜像、启动容器、停止容器等各种容器级操作。通常是 Docker 或 containerd。

容器运行时接口（Container Runtime Interface, CRI）：使容器运行时变得可插拔的接口。使用 CRI 可以灵活选择自己环境中最合适的容器运行时（Docker、containerd、cri-o、Kata 等）。

容器存储接口（Container Storage Interface, CSI）：用于支持外部第三方存储系统与 Kubernetes 进行集成的接口。存储供应商通过开发 CSI 驱动/插件（作为 Pod 运行），来为 Kubernetes 集群及其上的应用提供相应存储系统的增强功能。

控制器（Controller）：控制平面进程，以调谐循环（reconciliation loop）的方式监控集群（经由 API Server），通过必要的调整以确保集群的当前状态与期望状态保持一致。

集群存储（Cluster store）：用于保存集群状态，包括期望状态（desired state）和当前状态（observed state）。通常基于主节点上的 etcd 分布式数据存储。不过出于高性能和高可用的考虑，也可以部署一个独立集群。

Deployment：指用于部署和管理一组无状态 Pod 的控制器，可执行滚动升级或回滚。内部利用 ReplicaSet 控制器来执行扩缩容和故障自愈。

期望状态（Desired state）：集群或应用应当达到的状态。比如，某微服务应用的“期望状态”可以是有 5 个监听 8080/tcp 端口的 xyz 容器的副本。

Endpoint 对象：实时更新的、匹配 Service Label 筛选器的、健康的 Pod 的列表。基本上就是 Service 可以向其转发流量的 Pod 的列表。最终有可能被 EndpointSlices 代替。

K8s：Kubernetes 的缩写表示，由于 Kubernetes 单词太长了，“8”代表了“K”和“s”中间的 8 个字母。发音为“Kates”，所以有人会说 Kubernetes 的女朋友是 Kate。

Kubectl：Kubernetes 命令行工具。用于向 API Server 发送命令或通过 API Server 查询状态。

Kubelet：运行在集群每个节点上的 Kubernetes 代理。负责观察到达 API Server 的新任务，并维护一个反馈报告的通道。

Kube-proxy：运行在每一个集群节点上，实现了对 Service 到 Pod 的流量进行路由的底层规则。当向某 Service 域名发送流量时，kube-proxy 确保该流量被转发到 Pod。

Label[①]：用于把对象分组的元数据。比如，Service 在转发流量到 Pod 时就是根据 Label 的匹配情况进行筛选的。

Label 筛选器（Selector）：用于筛选要对哪些 Pod 执行相应操作。比如，当一个 Deployment 执行滚动更新时，它可以根据自身的 Label 筛选器知道哪些 Pod 需要被更新——也就是说拥有与 Deployment 的 Label 筛选器相匹配的 Pod 才会被替换和升级。

部署文件（Manifest file，也有译作“清单文件”的）：拥有一个或多个 Kubernetes 对象的配置的 YAML 文件。比如，一个 Service 的部署文件就是该 Service 的具体配置的 YAML

① 标签，本书中未做翻译。——译者注

文件。当清单文件被 POST 到 API Server 时，其配置会被部署到集群中。

主节点（Master）：Kubernetes 集群的大脑，运行着控制平面功能模块（API Server、集群存储、调度器等）的节点。通常出于高可用的要求部署为 3 个、5 个或 7 个节点。

微服务（MicroService）：现代应用的一种设计模式。应用的功能被拆分为小的、通过 API 进行通信的模块（微服务）。它们协同工作形成一个有用的系统整体。

命名空间（Namespace）：一种将 Kubernetes 集群进行分区（partition）以形成多个虚拟集群的方式。可用于在一个集群中分配不同的配额和访问控制策略。不宜用于工作负载的强隔离。

节点（Node）：Kubernetes 集群的工作节点（worker）。节点通常用于运行用户的应用程序。节点中运行有 Kubelet 进程、容器运行时以及 kube-proxy 服务。

观测状态（Observed state）：也被称为当前状态（current state）或实际状态（actual state），也就是集群和其上所运行的应用的最新状态。控制器会持续确保观测状态和期望状态保持一致。

编排器（Orchestrator）：部署和管理应用的软件。现代应用是许多小的应用协同合作而组成的。Kubernetes 能够对这些小应用进行编排（orchestrate）/管理，使它们保持健康、执行扩容或缩容等。

PersistentVolume（PV）：持久化卷，用来映射存储卷的 Kubernetes 对象。存储资源必须在被映射为 PV 之后才能被各应用所使用。

PersistentVolumeClaim（PVC）：持久化卷声明，类似一张允许应用使用某个 PV 的凭证。若无有效的 PVC，应用则无法使用 PV。可以与 StorageClass 结合使用，来动态创建卷。

Pod：Kubernetes 中可被调度的最小单元。Kubernetes 中的每一个容器必须运行在一个 Pod 中。Pod 提供一个共享的执行环境——IP 地址、卷、共享的内存等。

调谐循环（Reconciliation loop）：控制器进程会持续观察集群的状态，并通过 API Server，确保观测状态与期望状态保持一致。

ReplicaSet：具备故障自愈和扩缩容能力的控制器。用于 Deployment。

Secret：类似 ConfigMap，不同之处在于 Secret 中保存的是敏感配置数据。

Service：大写的“S”。为一组动态变化的 Pod 提供固定的网络访问。无论 Service 后端的 Pod 是发生故障、被替换，还是扩缩容，都无须改变 Service 对外的网络端口（Endpoint）。

StatefulSet：部署和管理有状态的 Pod 的控制器。与 Deployment 类似，不同之处在于其管理的是有状态的应用。

StorageClass（SC）：用于在集群中创建不同的存储层（tier）/类（class）。比如，有一个名为“fast”的 SC 能够创建基于 NVMe 的存储，而另一个名为“medium-three-site”的 SC 能够在横跨三地的分布式存储资源上创建稍慢的存储。

卷（Volume）：持久化存储的通用术语。

延伸

有多种途径能够使读者的 Kubernetes 水平更上一层楼，幸运的是，它们大多数简单易得。

熟能生巧

这是老生常谈了，不过除了多多练习似乎没有其他捷径。幸运的是，现在有许多非常简单的获得 Kubernetes 练习环境的方法。

我建议使用以下工具。

- Magic Sandbox。
- Play with Kubernetes。
- Docker 桌面版。

我与 Magic Sandbox 这家公司有非常紧密的联系。如果想获得一个私有的、全功能的、多节点的集群，它是首推的终极方案。它提供了精心准备的实验可以跟进练习，有一个很棒的、能够实时显示集群和应用状态的控制面板，以及许多很好的功能。它是基于订阅来收费的服务，不过我强烈建议读者尝试一下——可以免费试用。

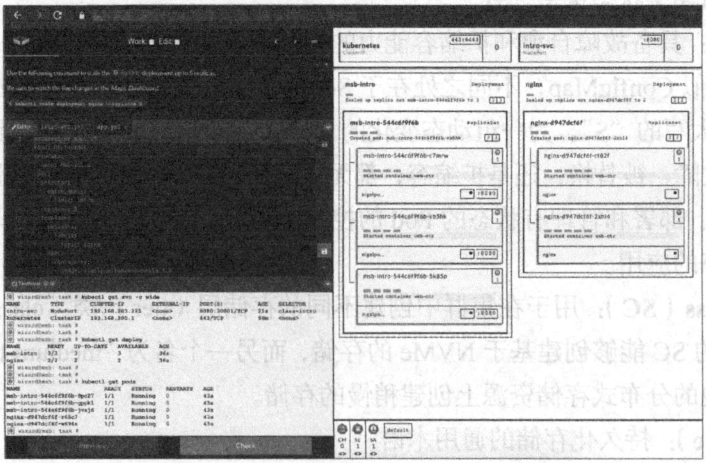

在 Play with Kubernetes 上读者可以获得一个计时使用的网上沙箱环境——读者创建的集群有 4h 的使用时间。它提供的是免费服务，虽然有时在性能和可用性上略有不足，不过，毕竟是免费的。

Docker 桌面版是 Docker 公司推出的一个免费的桌面版程序，macOS 和 Windows 上都可以安装。它提供一个单节点的开发集群，如果读者想在自己的计算机上做一些练习，那么它非常合适。

还有其他环境可以选择，而且在使用体验上都比以前大大简化了。我在学习 Windows NT 的 MSCE 时，曾经在卧室的老旧 Compaq 计算机上花费大量的时间用 CD 重建 NT 域。不过如今事情已经简单多了，没有理由不多多上手练习。

其他图书

我还有一本关于 Docker 的图书，获得了不错的评价，并被 BookAuthority 称为“有史以来最好的 Docker 图书”。Docker 和容器是与 Kubernetes 一脉相承的，如果读者希望对 Docker 和容器有更多了解，那么请留意这本书吧——书名为《深入浅出 Docker》(*Docker Deep Dive*)，读者可以在 Amazon 和 Leanpub 买到英文版，并在图内网站上购买中文版。

视频教程

如果读者喜欢本书，那么也会喜欢我的视频课程的！

- Kubernetes 101 (nigelpoulton.com)。
- GettingStartedwithKubernetes (pluralsight.com)。
- KubernetesDeepDive (acloud.guru/learn/kubernetes-deep-dive)。

我还有一些视频教程发布在 Pluralsight 上。

如果读者不是 Pluralsight 或 A Cloud Guru 的会员，那么我建议读者加入它们。平台需要一定的费用，但是这将是读者职业生涯中最好的投资！月度订阅会员可以学习平台中的所有课程——涵盖了开发和 IT 运维的方方面面。如果读者还有所顾虑，也可以开通测试账号免费到平台转一转。

活动与见面会

读者应当参加类似 KubeCon 和 ServiceMeshCon 这样的活动。活动中会有特别多的技术专家，而且读者可以从中学到很多。

读者也可以参与当地的 Kubernetes、DevOps、云原生和 Docker 等相关的见面会。搜索“Kubernetes”或“DevOps”就可以搜索到当地的见面会。

请保持学习！

反馈

非常感谢读者阅读此书。读者能购买此书，我很荣幸，并且希望读者能喜欢。

我非常期待读者能向朋友或同事推荐此书或在 Amazon 上留下宝贵意见。

希望读者能抽出宝贵的时间在 Amazon 留下宝贵的评价，即使在其他渠道购买此书，也可以在 Amazon 提交评价。

欢迎在 Twitter 上联系我。

@nigelpoulton

欢迎读者随时访问 **nigelpoulton.com**，其中有新闻&更新、最新 YouTube 视频、讲习班、网络研讨会等内容。

最后，祝读者万事顺意。